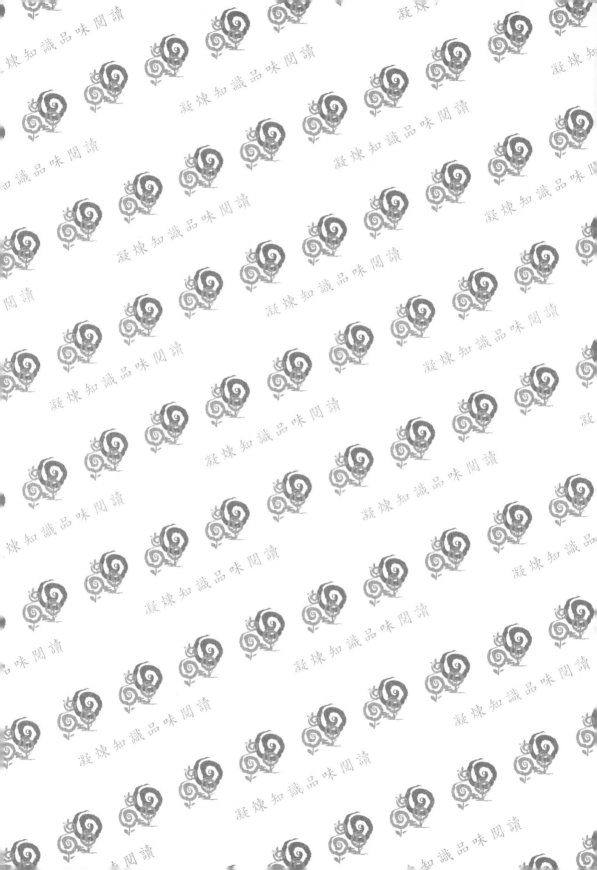

簡易微積分

一本完全針對微積分初學者所設計的入門寶典

- 內容精簡、易讀 無艱澀難懂之理論導正
- 圖表式敘述說明 迅速導入微積分學習要領
- 搭配例題及隨堂演練 實作中輕鬆學習
- 教學、自修皆適宜 循序學習與強化觀念

黃義雄 編著

七版序

　　本版與前幾版相較下有相當大之不同處：

　　1. 教材編排上更緊緻化，在此原則下，前版之第一、二章併一章，並將先備知識分別放在相關節內，例如原第一章之反函數就放在第 2.4 節，而另闢「反函數及其微分法」一節，原一次函數併入 3.1 節之切線方程式等。同時調整了若干節甚至例題之先後順序以期全書讀來不致有突兀之感。

　　2. 本書係供非數學專業用書，在寫作上雖非特別強調嚴謹，但仍力求一氣呵成，有些地方即使直覺（例如直觀極限與連續），亦力求和讀者過往學習經驗合流，以使讀者在研習上不致有困難或挫折感。本版也加了許多一般書未重視之觀念、方法，並對一些學者必備之觀念或技巧做適切之引導，期使讀者產生親和力，從而有利於融匯貫通。

　　作者懇切讀者諸君不吝提供有任何改善之意見，不勝感荷，最後祝讀者諸君學習愉快成功。

黃義雄　敬上

自　序

　　一本稱為簡易微積分的書，顧名思義必須具備下列二個要件：

　　㈠ 精簡：所謂精簡，它有實質與心理兩個層面，在實質上，避免任何繁瑣的理論，一切回歸到基本而直覺的數學思考，因此除第七章需少許三角學知識外，全書只需中學基本代數即可研閱，這可能對數學追求完整性有所違背，但對只需微積分作為工具者，本書仍有足夠之學習素材。心理上，原本許多學生就已畏懼數學，再加上現今國內引進之國外微積分教材難度較高且內容更為廣泛，造成不少學生排斥心理，因此本書不論在例題或習題設計上，始終都抱持一個想法，就是讓同學在最小壓力下學會微積分基本內容。畢竟，對一個初學者而言，會解 $2x^2 + x + 1 = 0$ 便已足矣，不必一開始就解 $2.0543x^2 + 1.0997x + 1.0557 = 0$，兩者解法原理一樣，又何必因為繁瑣之低階的計算而壞了學習信心與興緻？在此原則下，本書仿美國 Brief Calculus 之編法，前面幾章均為有理函數之指對數函數等微分與積分，顧及部分讀者需求，再在最後一章加上三角函數之微分與積分。

　　㈡ 績效：為了確保學習績效，本書在適當處有隨堂演練，教師得指派數名學生上台演練，及時糾正學生錯誤，同時也可激起學生專心與興趣。習題有略解，可供同學課後驗收學習成果。

　　本書雖是作者累積十數年在大學及補習班教授數學之經驗而編成，惟囿於自身學力有限而無法達成上述理想，同時謬誤之處亦在所難免，尚祈讀者諸君不吝賜正為荷。

黃義雄　謹誌

目　錄

第 **1** 章

函數、極限與連續

1.1 引子

學習目標

■ 微積分是什麼？從而引發學習動機。

微積分（Calculus）是個拉丁字，它的意思是小石子。它是清末大數學家李善蘭（1810～1882 年，即嘉慶 15 年至光緒 8 年），大約在 19 世紀 60 年代翻譯美國 Elias Loomis（1811～1889）之 Analytic Geometry and Calculus 並將書名定為〈代微積拾級〉，書名的代是指解析幾何（解析幾何的前名是代數幾何），微積則指微分、積分。從此 Calculus 之中文名稱為微積分就一錘定音了。

微積分可概分微分和積分二大部份。從歷史言，微分、積分各自發展。積分最早，古希臘時代即有用所謂之窮舉法來求面積與體積，而微分學首先想到牛頓（Issac Newton, 1642-1727），他將先前之求速度和切線問題之方法推變成求一般變化率的問題，經後來數學家之努力而完成微分學之大架構。二者原本是各自獨立發展的，但十九世紀由拉格蘭日（J. Lagrange）之**微積分基本定理**（foundamental theorem of calculus）將微分與積分二大領域串在一起，極限從中扮牽線角色，微積分基本定理將在 4.1 節說明。隨著時間之推移，微積分已成為數學分析之基底，同時亦成功地直接、間接應用從物理、工程、統計，乃至經濟、生命科學等領域。

因為不論微分學、積分學討論之主體皆為函數,我們下節就以函數做為課程之序幕。

1.2　函數

學習目標

■ 函數之定義
■ 分段定義函數
■ 合成函數
■ 函數之圖形

1.2.1　函數定義

> **定義**　函數(Function)是一種規則(Rule),透過這個規則,集合 A 之每一個元素在集合 B 中均恰有一個元素與之對應(Correspond),這種對應便是函數,以 $f : x \to y$ 或 $y = f(x)$ 表之。

例如:圓的半徑 r 與其面積 A 有 $A = \pi r^2$ 之關係,華氏溫度

（℉）與攝氏溫度（℃）有 ℉ = $\dfrac{9}{5}$℃ + 32° 之對應關係均是函數的例子。

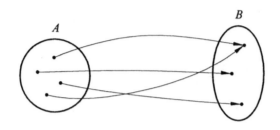

圖 1.1　函數對應之例子：集合 A 之每一個元素在集合 B 中均可找到
　　　　一個元素與之對應

　　函數 $y = f(x)$ 之 x 稱為**自變數**（Independent Variable），y 為**因變數**（Dependent Variable）。自變數 x 所成的集合稱為**定義域**（Domain），y 所成之集合為**值域**（Range 或 Co-domain）。本課程所討論者均僅限於實數系。

例 1.　下列 3 個函數是否相等？
　　　⑴ $f_1(x) = x^3$，　$2 \leq x \leq 7$　　⑵ $f_2(y) = y^3$，　$2 \leq y \leq 7$
　　　⑶ $f_3(z) = z^3$，　$2 \leq z \leq 8$

解　二個函數若有相同之函數式（對應法則）及定義域，則這二個函數相同，儘管它們代表自變數之字母不同。
　　因此 f_1 與 f_2 之對應法則與定義域均相同，$\therefore f_1 = f_2$，但 $f_3(z) = z^3$，$2 \leq z \leq 8$，雖然 f_3 之函數式與 f_1、f_2 相同，但定義域不同，因此 f_3 不等於 f_1 與 f_2。

例 2. （承例 1.）若 $f_1(x) = x^3$，$2 \leq x \leq 7$，$f_2(y) = y^3$，$2 \leq y \leq 7$

問 $f_1(4)$ 是否等 $f_2(4)$？

解　$f_1(4) = 4^3 = 64$，$f_2(4) = 4^3 = 64$，$\therefore f_1(4) = f_2(4)$

　　由例 2，我們看到了二個函數只要對應法則或函數式相同，即便代表變數的字母不同仍有相同的對應結果，這類變數稱為**啞變數**（Dummy Variable）。

例 3. 問下列哪個對應是函數，何故？

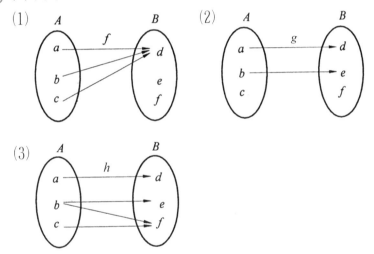

解　(1) A 中每一元素在 B 中均恰有一元素 d 與之對應，故 f 為函數。f 之定義域為 $\{a, b, c\}$，值域為 $\{d\}$。

　　(2) A 中之元素 c 在 B 中沒有元素與之對應，故 g 不為函數。

　　(3) A 中之元素 b 在 B 中有 2 個元素 e 與 f 與之對應，故 h 不為函數。

1.2.2　自然定義域

　　對函數 f 有意義之實數所成之集合即為 f 之**自然定義域**（Natural Domain）。例如：我們看到 $f(x)=\sqrt{x+1}$，那麼 $f(x)$ 之自然定義域即為 $x \geq -1$，除非我們對 x 之範圍特別限制。採自然定義域時，函數 f 只需寫出函數式 $y=f(x)$ 即可而不須寫出它的定義域。

例3.　若 $f(x)=2x^2+1$，求 ⑴$f(-2)$，⑵$f(0)$，⑶$f(3)$？

解　　⑴ $f(-2)=2(-2)^2+1=2 \cdot 4+1=9$

　　　⑵ $f(0)=2(0)^2+1=2 \cdot 0+1=1$

　　　⑶ $f(3)=2(3)^2+1=2 \cdot 9+1=19$

　　在看例4前，我們先介紹不等式範圍之區間表法：

　　我們常用**區間**（Interval）來表示不等式之範圍。

　　為此我們先要引介**無窮大**（Infinity），它是英數學家 John Wallis（1616～1703）大約在 1665 年引入這個觀念並以∞表示無窮大。**無窮大的意思是你說多大，我就是比你大。無窮大不是一個數它只是一個概念。**所以你不能說：

　　$\therefore \infty+1>\infty$、$2\infty>\infty$ 或 $\dfrac{\infty}{\infty}=1\cdots$。

　　我們在 1.6 節會有進一步討論。

區間	不等式	圖示
$a < x < b$	(a, b)	
$a < x \leq b$	$(a, b]$	
$a \leq x < b$	$[a, b)$	
$a \leq x \leq b$	$[a, b]$	
$a < x$	(a, ∞)	
$a \leq x$	$[a, \infty)$	
$x < b$	$(-\infty, b)$	
$x \leq b$	$(-\infty, b]$	

細心的讀者就可發現區間端點爲 ∞、$-\infty$ 時，旁邊的括弧一定是圓括弧即）或（。

例 4. 求下列各函數之定義域？

(1) $f_1(x) = x^2 - 3x + 1$，

(2) $f_2(x) = \sqrt{x - 2}$，

(3) $f_3(x) = \dfrac{1}{\sqrt{x - 2}}$，

(4) $f_4(x) = \log(1 - x)$，

(5) $f_5(x) = \dfrac{1}{x^2 + x - 2}$。

解　(1) $f_1(x) = x^2 - 3x + 1$ 之定義域爲所有實數（因對任一個實數 x 而言，$f_1(x) = x^2 - 3x + 1$ 均有意義）。

(2) $f_2(x) = \sqrt{x - 2}$ 之定義域爲 $x \geq 2$，即 $[2, \infty)$。

(3) $f_3(x) = \dfrac{1}{\sqrt{x - 2}}$ 之定義域爲 $x > 2$ 即 $(2, \infty)$（$\because x = 2$

時分母爲 0，造成 $f_3(x)$ 無意義）。

(4) $f_4(x) = log(1 - x)$ 之定義域爲 $1 - x > 0$，$x < 1$，即 $(-\infty, 1)$。

(5) $f_5(x) = \dfrac{1}{x^2 + x - 2} = \dfrac{1}{(x + 2)(x - 1)}$ 之定義域爲除了 $-2, 1$ 外之所有實數（$\because x = 1, -2$ 時 $f_5(x)$ 之分母爲 0，造成 $f_5(x)$ 無意義）。

隨堂演練 1.2A

1. 求 $f_1(x) = x^2 + x + 1$ 之定義域。

2. 求 $f_2(x) = \dfrac{3}{x^2 - 1}$ 之定義域。

Ans: 1. R   2. 除 ± 1 外之所有實數。

1.2.3　分段定義函數

分段定義函數（Piece-wise Defined Function）是我們將學習微積分時常會遇到的函數，許多函數等都可用分段定義函數表示（如例 6）。分段定義函數之極限、微分、積分都相對比較複雜，所以本子節就專門討論它。

下列都是**分段定義函數**之例子，我們順便說明分段點 a 之函數值：

■ $f(x) = \begin{cases} h_1(x) & x \geq a \\ h_2(x) & x < a \end{cases}$ （$x = a$ 爲分段點）；$f(a) = h_1(a)$

■ $f(x) = \begin{cases} h_1(x) & a \geq x > b \\ h_2(x) & b \geq x > c \\ h_3(x) & c \geq x \end{cases}$ …… ($x = b, c$ 均為分段點) ；

$f(a) = h_1(a)$，$f(b) = h_2(b)$，$f(c) = h_3(c)$

例 5. $f(x) = \begin{cases} x^2 + 1 & ,x \leq 1 \\ 2x - 3 & ,x > 1 \end{cases}$，求 (1)$f(-2)$，(2)$f(4)$，(3)$f(0)$，

(4)$f(1)$？

解　　(1) $f(-2) = (-2)^2 + 1 = 4 + 1 = 5$

　　　(2) $f(4) = 2 \times 4 - 3 = 5$

　　　(3) $f(0) = (0)^2 + 1 = 0 + 1 = 1$

　　　(4) $f(1) = (1)^2 + 1 = 1 + 1 = 2$

隨堂演練 1.2B

若 $f(x) = \begin{cases} x^2 - 2x, x \leq 1 \\ -2x + 1, x > 1 \end{cases}$

求 (a)$f(0)$　(b)$f(1)$　(c)$f(-1)$　(d)$f(2)$

Ans: (a)0　(b)-1　(c)3　(d)-3

例 6. 將 $f(x) = \dfrac{|x|}{x}$ 化為分段定義函數。

解　　$f(x) = \begin{cases} \dfrac{-x}{x} & ,x < 0 \\ \dfrac{x}{x} & ,x > 0 \end{cases}$ 即 $f(x) = \begin{cases} -1 & ,x < 0 \\ 1 & ,x > 0 \end{cases}$

1.2.4 合成函數

合成函數（Composite Function）是將一個變數之函數值作為另一個函數之定義域元素，合成函數的圖示如下：

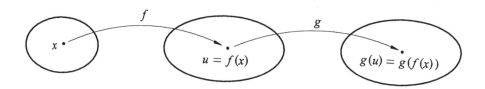

定義 設 f, g 為二個函數；其中 $f：x \to f(x)$，$x \in A$；

$g：x \to g(x)$，$x \in B$，則定義：

f 與 g 之合成函數 $(f \circ g)(x) = f(g(x))$，$(g \circ f)(x) = g(f(x))$

例 7. 若 $f(x) = 2x + 1, g(x) = x^2$，求：(1) $f(f(x))$，
(2) $f(g(x))$，(3) $g(f(x))$，(4) $g(g(x))$？

解 (1) $f(f(x)) = 2f(x) + 1 = 2(2x + 1) + 1 = 4x + 3$

(2) $f(g(x)) = 2g(x) + 1 = 2x^2 + 1$

(3) $g(f(x)) = (f(x))^2 = (2x + 1)^2$

(4) $g(g(x)) = (g(x))^2 = (x^2)^2 = x^4$。

例 8. 若 $f(x) = 2x + 1$，求 $f(x - 1)$？

解 取 $g(x) = x - 1$ 則 $f(x - 1) = f(g(x)) = 2g(x) + 1 = 2(x - 1) + 1 = 2x - 1$

> **隨堂演練** 1.2C
>
> $f(x) = x^2 + 1$, $g(x) = 3$, $h(x) = x^3$
> 求 (a) $g(f(1))$, (b) $f(g(1))$, (c) $h(f(1))$？
> **Ans:** (a)3　(b)10　(c)8

例 9. 求二個函數 $g(x)$ 與 $h(x)$ 使得 $g(h(x)) = \sqrt[3]{(x-1)^2}$

解　　取 $g(x) = \sqrt[3]{x}$，$h(x) = (x-1)^2$，則 $g(h(x)) = \sqrt[3]{(x-1)^2}$
或　取 $g(x) = \sqrt[3]{x^2}$，$h(x) = (x-1)$，則 $g(h(x)) = \sqrt[3]{(x-1)^2}$
顯然本題之答案並非惟一。

1.2.5　函數圖形

　　二個變數之關係固然可用函數式來表達，但如果能將它們描繪在圖上，更可一目了然。1.2.6 節將介紹一些微積分常用之圖形。這裡所說之圖形是指 f 定義域中之 x 與 $y = f(x)$ 形成之一組有序元素對 (x, y)，(x, y) 所形成之軌跡即為函數 f 之圖形。

　　垂線檢驗法（Vertical Line Test）是判斷一個曲線是否是函數圖形的好方法：若在定義域中之每一個點所做之垂線與曲線有且恰有一個交點，則此曲線為一函數圖形，否則便不為函數圖形。

　　以下圖為例，若取垂線 $x = \dfrac{1}{2}$，則交此半圓於 $(\dfrac{1}{2}, \dfrac{\sqrt{3}}{2})$ 與 $(\dfrac{1}{2}, \dfrac{-\sqrt{3}}{2})$ 兩點，因此它不是函數圖形。

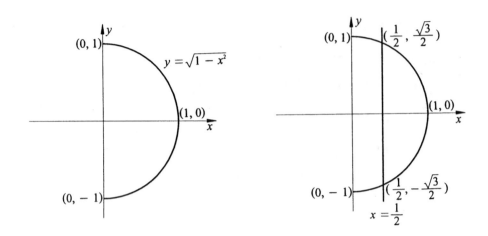

例 10.　下列哪一個圖形滿足函數圖形之定義？

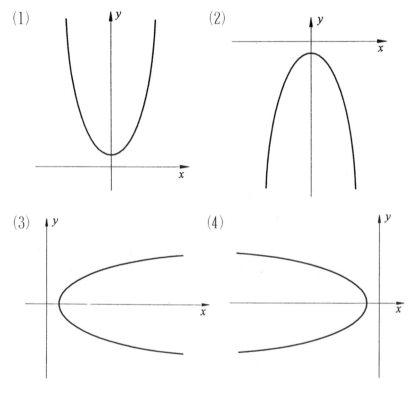

解　(1)、(2) 滿足函數之定義。

1.2.6 函數圖形之例子

凡形如 $f(x) = a_0 + a_1x + a_2x^2 + \cdots + a_nx^n$，$n$ 為非負整數，$a_0, a_1, \cdots, a_n$ 為常數，我們稱此函數為**多項式**（Polynomial），若 $a_n \neq 0$ 則稱 $f(x)$ 為 n 次多項式，n 為此多項式之**次數**（Degree），(1)～(3) 是多項式。

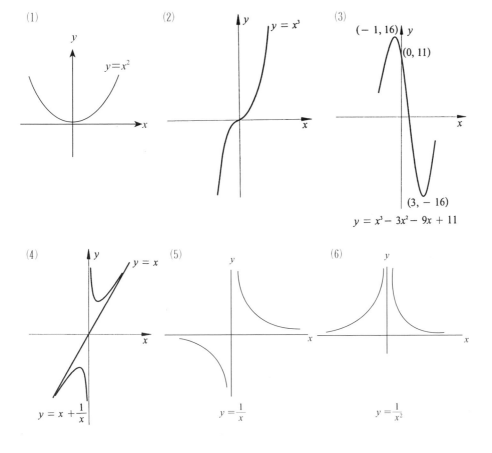

我們將在第 4 章中對函數概圖之繪製再做詳細說明。

 **習題 1.2**

1. 問下列各組函數 f, g 是否相等

   (1) $f(x) = \dfrac{x}{x}$ ， $g(x) = 1$

   (2) $f(x) = x$ ， $g(x) = \sqrt{x^2}$

   (3) $f(x) = x$ ， $g(x) = \sqrt[3]{x^3}$

   (4) $f(x) = \dfrac{x}{x(x+1)}$, $g(x) = \dfrac{1}{x+1}$

2. 求定義域 (1) $f_1(x) = \sqrt{9 - x^2}$ (2) $f_2(x) = \sqrt{x^2 - 9}$

             (3) $f_3(x) = \dfrac{1}{\sqrt{9 - x^2}}$ (4) $f_4(x) = \dfrac{1}{\sqrt{x^2 - 9}}$

             (5) $f_5(x) = \sqrt{(x-1)(x+2)}$

             (6) $f_6(x) = \sqrt[3]{(x-1)(x+2)}$

3. (1) $f_1(x) = 3x$ (2) $f_2(x) = 2x + 5$ (3) $f_3(x) = 3^x$ 何者滿足
   $f(x + y) = f(x) + f(y)$ ？

4. 若 $f(x) = x^2, g(x) = 3x - 5$ ，求 (1) $f(f(x))$ (2) $f(g(x))$
   (3) $g(f(x))$ (4) $g(g(x))$ (5) $f(f(f(x)))$ ？

5. 若 $f(x) = x$ ， $g(x) = x^2$ 求 (1) $f(g(x))$ (2) $f(f(x))$ (3) $g(f(x))$
   (4) $g(g(x))$

6. 根據下列對應關係求 (1) $g(f(a))$ (2) $g(f(c))$ (3) $g(f(e))$

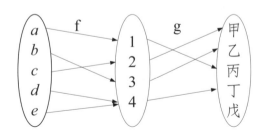

7. $f(x) = \begin{cases} 3x - 2 & , x > 3 \\ 2 + x & , 3 \geq x > -1 \\ -5 & , x \leq -1 \end{cases}$

求 (1)$f(4)$　(2)$f(3)$　(3)$f(-1)$　(4)$f(0)$　(5)$f(-\pi)$

(6)$f(\dfrac{\pi}{2})$？

解

1. 僅 (3) 相等

2. (1)$[-3, 3]$　(2)$[3, \infty)$ 或 $(-\infty, -3]$　(3)$(-3, 3)$

　(4)$(3, \infty)$ 或 $(-\infty, -3)$　(5)$(-\infty, -2]$ 或 $[1, \infty)$

　(6)R，即 $(-\infty, \infty)$

3. 僅 (1) 滿足 $f(x + y) = f(x) + f(y)$

4. (1)x^4　(2)$(3x-5)^2$　(3)$3x^2-5$　(4)$9x-20$　(5)x^8

5. (1)x^2　(2)x　(3)x^2　(4)x^4

6. (1)丙　(2)甲　(3)丁

7. (1)10　(2)5　(3)-5　(4)2　(5)-5　(6)$2+\dfrac{\pi}{2}$

1.3　直觀極限與直觀連續

學習目標

■ 極限之直觀理解

■ 連續之直觀理解
■ 單邊極限

1.3.1　直觀極限

　　極限（Limit）在微積分裡占有很重要的地位，因為以後討論的微分、定積分等均建立在極限的基礎上。嚴格的極限定義是構築在所謂的「$\varepsilon\text{-}\delta$」關係上較為抽象，因此，我們先從直觀之角度來看極限 $\lim_{x \to a} f(x) = l$。

　　我們可想像有一個動點 x，（a 為固定值），x 由 a 之左邊不斷地向 a 逼近，此時我們可得到一個單邊極限 l_1 稱為左極限，以式子表示則為 $\lim_{x \to a^-} f(x) = l_1$，同樣地，我們可由 a 之右邊不斷地向 a 逼近，則可得到另一個單邊極限 l_2 稱為右極限，以式子表示則為 $\lim_{x \to a^+} f(x) = l_2$，如果這兩個極限相等（即 $l_1 = l_2$），便稱 $f(x)$ 在 $x = a$ 之極限存在，而這個極限就是 $l_1 = l_2$。若左右極限中只要有一個不存在，或二者不相等則稱極限不存在。

　　當 $\lim_{x \to a} f(x) = l$ 存在，那麼 $\lim_{x \to a^+} f(x) = \lim_{x \to a^-} f(x) = l$

　　應注意的是，$x \to a$ 表示 x 不斷地趨近定值 a，但是 $x \neq a$。

例 1.　試猜出 $\lim_{x \to 1} (3x - 1) = ?$

解　　我們在 1 之左右鄰近取值：

x	$\cdots$ 0.997	0.998	0.999	1	1.001	1.002	1.003 $\cdots$
$f(x)$	$\cdots$ 1.991	1.994	1.997	?	2.003	2.006	2.009 $\cdots$

因此，當 x 趨近 1 時，$f(x) = 3x - 1$ 趨近 2，即 $\lim_{x \to 1}(3x - 1) = 2$（參考圖 (a)）

例 2. 試猜出 $\lim_{x \to 1}\dfrac{x^2 - 1}{x - 1} = ?$

解　我們在 1 之左右鄰近取值：

x	$\cdots$ 0.9997	0.9998	0.9999	1	1.0001	1.0002	1.0003 $\cdots$
$f(x)$	$\cdots$ 1.9997	1.9998	1.9999	?	2.0001	2.0002	2.0003 $\cdots$

因此，當 x 趨近 1 時，$f(x) = \dfrac{x^2 - 1}{x - 1}$ 趨近於 2（參考圖 (b)）。

在例 1. 中，我們彷彿是將 **$x = 1$ 代入 $f(x) = (3x - 1)$** 中，在例 2. 彷彿是將 $x = 1$ 代入 $f(x) = \dfrac{x^2 - 1}{x - 1} = \left(\dfrac{(x-1)(x+1)}{x-1}\right) = x + 1$ 中。這種「先消去後代入」是計算函數極限之基本方法。

由上面二個例子，我們可概括出極限之直觀定義

定義　當 x 從二邊越來越趨近 a 時 $f(x)$ 越趨近 l，則 $\lim_{x \to a} f(x) = l$。

我們可從下圖得以理解。

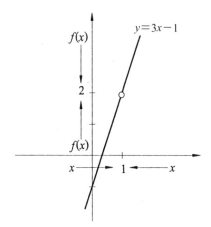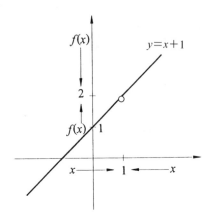

(a)當 x 不斷趨近1時 $f(x)$ 則不斷地趨近2。　(b)當 x 不斷趨近1時 $f(x)$ 則不斷地趨近2。

⟨隨⟩⟨堂⟩⟨演⟩⟨練⟩ 1.3A

試猜出 $\lim\limits_{x \to 1}(3x - 1) = ?$

Ans: 2

1.3.2　直觀連續

連續（Continuity）在微積分乃至高等數學分析均占重要份量。因爲若 $f(x)$ 在 $x = a$ 處爲連續，那麼它在極限求算時就直接算出 $f(a)$ 即可（如 1.3.1 節例 1），此外，連續函數在微分、積分之計算上相對單純，更重要的是連續函數有許多具有理論與應用之優美性質。因此，讀友在日後學習上要注意連續。

爲了了解什麼是連續，我們先看例 3 與例 4，以直觀地了解什麼是函數之連續性。

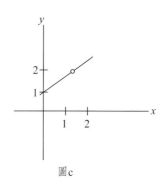

圖c

例3. 定義一個函數

$$f_1(x) = \begin{cases} \dfrac{x^2-1}{x-1} & , x \neq 1 \\ 2 & , x = 1 \end{cases}$$

在例 2 已求得 $\lim\limits_{x \to 2} \dfrac{x^2-1}{x-1} = 2$，原本 $f(x) = \dfrac{x^2-1}{x-1}$ 在 $x = 1$ 是無定義的，因此可想像 $y = x + 1$ 之圖形在 $x = 1$ 處是有個「小洞」，也就是各位在圖 a 看到的空心圓圈「○」，這個小洞的大小比你怎麼想的都來得小。但在例 3，我們定義了 $x = 1$ 時 $f(x) = 2$，因此在 $f(x) = \dfrac{x^2-1}{x-1}$ 之空洞就被補上，你也可說因子 **$x-1$ 被移除了**，如圖 c。因此 $f_1(x)$ 之圖形是個沒洞的，換言之，$f_1(x)$ 是連續，因此，極限求算時就可算出函數值即可。

例4. 定義一個函數

$$f_2(x) = \begin{cases} \dfrac{x^2-1}{x-1} & , x \neq 1 \\ 1 & , x = 1 \end{cases}$$

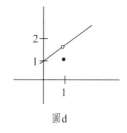

圖d

$f_2(x)$ 之 $y = x + 1$ 中因 $f(1) = 1$，圖 d 那個「○」永遠無法被補上，假如有一動點沿 $y = x + 1$ 移動，到 $x = 1$ 時便要摔下，因此，直覺上它是不連續的。

簡單地說，函數 $y = f(x)$ 之圖形若沒有中斷的可一筆劃的便是連續，這不是嚴謹的說法，但可給我們直觀地理解。我們將在

1.7 節將對函數連續下個正式之定義。在此，不妨先記住多項式函數之圖形是連續的，**連續函數之極限與函數值必相等**。

再回頭看例 2：$\lim\limits_{x\to 1}\dfrac{x^2-1}{x-1}$，記住 $x \neq 1$，因此，我們可把分子、分母同除 $x-1$ 而成 $f(x)=x+1$，這是多項式函數，所以我們才可「放心地」代 $x=1$，而得 $\lim\limits_{x\to 1}\dfrac{x^2-1}{x-1}=2$

1.3.3　單邊極限

由上二個子節之討論，我們大概有個輪廓，如果 $y=f(x)$ 是連續的（即圖形沒有斷點的），那麼極限就是函數值，有**斷裂的**（Gap）（包括分段定義函數之分斷點）或缺口就需考慮到**單邊極限**（One-side limit）即左右極限。

> 不見得每個極限問題都要考慮到單邊極限，但下列這些情形不妨要想到單邊極限：
> (1) 分段定義函數之分段點，包括絕對值函數化成分段定義函數後之分段點。
> (2) $\lim\limits_{x\to 0} a^{\frac{1}{x}}$

例 5. 根據右圖，求 $\lim\limits_{x\to 2} f(x)$

解　$\lim\limits_{x\to 2^+} f(x)=3$，$\lim\limits_{x\to 2^-} f(x)=-1$

$\because \lim\limits_{x\to 2^+} f(x) \neq \lim\limits_{x\to 2^-} f(x)$

$\therefore \lim\limits_{x\to 2} f(x)$ 不存在。

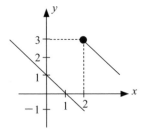

例 6. (1) 求 $\lim\limits_{x \to 1^-} \sqrt{1 - x} = ?$　(2) 由 $\lim\limits_{x \to 0^+} \sqrt{x}$ 之結果求 $\lim\limits_{x \to 1^-} \sqrt{1 - x}$

解 (1) 當 $x \to 1^-$ 時，我們取 $x = 1 - \varepsilon$，ε 爲一很小的正數，則

$$\sqrt{1 - x} = \sqrt{1 - (1 - \varepsilon)} = \sqrt{\varepsilon} \to 0，故 \lim\limits_{x \to 1^-} \sqrt{1 - x} = 0。$$

(2) $\lim\limits_{x \to 0^+} \sqrt{x}$，取 $x = 0 + \varepsilon = \varepsilon$，
ε 爲很小的正數，則 $\sqrt{x} = \sqrt{\varepsilon}$
$\to 0$

$$\therefore \lim\limits_{x \to 0^+} \sqrt{x} = 0$$

$$\because \lim\limits_{x \to 1^-} \sqrt{1 - x} \xlongequal{y = 1 - x} \lim\limits_{y \to 0^+} \sqrt{y} = 0$$

> $x \to 1^-$，經 $y = 1 - x$ 變數變換 $y \to 0^+$
> （何故？代 $x = 0.9$ 看看）

　　例 6 之方法二用到變數變換法。變數變換法在解微分問題時常可發揮御繁就簡之功能，因此，我們在未來章節中常會用它。

例 7. 求 (1) $\lim\limits_{x \to 4^+} \sqrt[3]{x - 4} = ?$

(2) $\lim\limits_{x \to 4^-} \sqrt[3]{x - 4} = ?$

(3) $\lim\limits_{x \to 4} \sqrt[3]{x - 4} = ?$

解 (1) $x \to 4^+$ 時，我們取 $x = 4 + \varepsilon$，
ε 爲一很小的正數，則

$$\because \sqrt[3]{x - 4} = \sqrt[3]{(4 + \varepsilon) - 4}$$
$$= \sqrt[3]{\varepsilon}，$$
$$\varepsilon \to 0 \ 時 \sqrt[3]{\varepsilon} \to 0$$
$$\therefore \lim\limits_{x \to 4^+} \sqrt[3]{x - 4} = 0$$

> 例 7 其實不必考慮左、右極限，理由是極限式 $\sqrt[3]{x - 4}$ 是個連續函數且不論 x 爲何值，$f(x) = \sqrt[3]{x - 4}$ 均爲實數。

(2) $x \to 4^-$ 時，我們取 $x = 4 - \varepsilon$，ε 為一很小的正數，則

$\because \sqrt[3]{x-4} = \sqrt[3]{(4-\varepsilon)-4} = \sqrt[3]{-\varepsilon}$，$\varepsilon \to 0$ 時 $\sqrt[3]{-\varepsilon} \to 0$

（$\sqrt[3]{-\varepsilon}$ 仍為實數）

$\therefore \lim_{x \to 4^-} \sqrt[3]{x-4} = 0$

(3) 由 (1)、(2) $\lim_{x \to 4} \sqrt[3]{x-4} = 0$

隨堂演練 1.3B

請用 $\lim_{x \to 0^+} \sqrt{x} = 0$ 重做例 7(1)

例 8. 若 $f(x) = \begin{cases} x+1 , & x \geq 1 \\ 2x-3 , & x < 1 \end{cases}$，求 $\lim_{x \to 2} f(x)$，$\lim_{x \to 1} f(x)$

解 $\lim_{x \to 2} f(x) = \lim_{x \to 2}(x+1) = 3$

$\lim_{x \to 1} f(x)$：

$\lim_{x \to 1^+} f(x) = \lim_{x \to 1^+}(x+1) = 2$

$\lim_{x \to 1^-} f(x) = \lim_{x \to 1^-}(2x-3) = -1$

$\therefore \lim_{x \to 1} f(x)$ 不存在。

在討論分段定義函數之極限、連續性、可微分性時，都要考慮在分段點處是否滿足連續性等，因而要考慮則左右極限、左右導函數，這些我們以後會強調。

隨堂演練 1.3C

$f(x) = \begin{cases} x^2, & x > 1 \\ x + 1, & x \leq 1 \end{cases}$，求 $\lim\limits_{x \to 1} f(x)$ 及 $\lim\limits_{x \to -2} f(x)$。

Ans: 1. 不存在　　2. -1

例 9. 求 $\lim\limits_{x \to 0^+} \dfrac{|x|}{x} = ?$

解　乍看下 $f(x) = \dfrac{|x|}{x}$，$x \neq 0$ 有點複雜，其實我們觀察到

$x > 0$ 時 $\dfrac{|x|}{x} = \dfrac{x}{x} = 1$，$x < 0$ 時 $\dfrac{|x|}{x} = \dfrac{-x}{x} = -1$，

所以可將 $f(x)$ 化成下面之分段定義函數：

$f(x) = \begin{cases} 1, & x > 0 \\ -1, & x < 0 \end{cases}$

$\therefore \lim\limits_{x \to 0^+} \dfrac{|x|}{x} = \lim\limits_{x \to 0^+} 1 = 1$

$\quad \lim\limits_{x \to 0^-} \dfrac{|x|}{x} = \lim\limits_{x \to 0^-} (-1) = -1$

因此 $\lim\limits_{x \to 0} \dfrac{|x|}{x}$ 不存在。

例 10. 求 $\lim\limits_{x \to 1} \dfrac{|x-1|}{x-1}$，又 $\lim\limits_{x \to 0.5} \dfrac{|x-1|}{x-1}$

解

方法一：(a) 取 $f(x) = \dfrac{|x-1|}{x-1}$ 則

$\quad f(x) = \begin{cases} 1, & x > 1 \\ -1, & x < 1 \end{cases}$，

$$\lim_{x \to 1^+} \frac{\mid x - 1 \mid}{x - 1} = 1$$

$$\lim_{x \to 1^-} \frac{\mid x - 1 \mid}{x - 1} = -1$$

$$\therefore \lim_{x \to 1} \frac{\mid x - 1 \mid}{x - 1} \text{ 不存在。}$$

方法二：若我們取 $y = x - 1$，那麼 $x \to 1$ 時 $y \to 0$

$$\therefore \lim_{x \to 1} \frac{\mid x - 1 \mid}{x - 1} \xlongequal{y = x - 1} \lim_{y \to 0} \frac{\mid y \mid}{y}\text{，不存在（由例9）}$$

(b) $\lim\limits_{x \to 0.5} \dfrac{\mid x - 1 \mid}{x - 1}$ ∵ $f(x)$ 在 $x < 1$

處爲連續，

$$\therefore \lim_{x \to 0.5} \frac{\mid x - 1 \mid}{x - 1} = \frac{\mid 0.5 - 1 \mid}{0.5 - 1}$$

$$= \frac{0.5}{-0.5} = -1$$

習題 1.3

1. 求 $\lim\limits_{x \to 1^+} (1 + x + x^2) = ?$ 2. 求 $\lim\limits_{x \to 0^+} \sqrt{1 + x} = ?$

3. 求 $\lim\limits_{x \to -2^-} \sqrt{3 + x} = ?$ 4. 求 $\lim\limits_{x \to 1^+} \sqrt[4]{1 + x^2} = ?$

5. 求 $\lim\limits_{x \to -1^+} \sqrt[4]{1 + 3x^2} = ?$ 6. 求 $\lim\limits_{x \to -2^+} \sqrt{1 + x} = ?$

7. $f(x) = \begin{cases} 3x + 2 , & x \geq 3 \\ 15 - x , & x < 3 \end{cases}$，求 $\lim\limits_{x \to 3} f(x)$

8. 求 $\lim\limits_{x \to 2^-} \dfrac{x^2 - 4}{\mid x - 2 \mid}$

9. 求 $\lim_{x \to 0^-} \sqrt[3]{x}$

10. 求 $\lim_{x \to 1^-} \sqrt[3]{x-1}$

解

1. 3　　2. 1　　3. 1　　4. $\sqrt[4]{2}$　　5. $\sqrt[4]{4}$　　6. 不存在

7. 不存在　　8. -4　　9. 0　　10. 0

1.4　極限的定義與基本定理

學習目標

■ 極限定義 $\begin{cases} 幾何上之理解 \\ 代數上之證明（即 \varepsilon-\delta 法）\end{cases}$

■ 基本定理之應用

1.4.1　極限定義

　　1.3.1 之直觀極限只讓我們直覺地了解什麼是極限，但它實在無法供我們對極限做進一步之推論，遑論用它解決一些複雜之極限問題，因此，我們必須對極限下個正式的定義，以便推導出一些定理。

> **定義** 對任一 $\varepsilon > 0$，我們恆可以找到一個 $\delta > 0$，（δ 與 ε 有關），使得當 $0 < |x-a| < \delta$ 時均有 $|f(x)-\ell| < \varepsilon$，則稱 $\lim_{x \to a} f(x) = \ell$ 。

我們可用幾何與代數二種角度來看它：

幾何上，它可看做無論開區間 $(a-\delta, a+\delta)$ 之 δ 如何小，那麼開區間 $(\ell-\varepsilon, \ell+\varepsilon)$ 也就縮近 ℓ」。

在定義之「……$0 < |x-a| < \delta$ 時均有 $|f(x)-\ell| < \varepsilon$」，若我們用 $0 \le |x-a| \le \delta$ 取代 $0 < |x-a| < \delta$ 時結果又若何？

(1) $0 \le |x-a|$：會造成 $x = a$ 而與 $\lim_{x \to a} f(x)$ 之 $x \ne a$ 不符。

(2) $|f(x)-\ell| \le \varepsilon$ 亦可仿上解釋。

我們處理上比較偏向代數手法，代數手法有二個步驟：

1. 找出 δ 與 ε 之關係，δ 是 ε 之函數；

2. 證明你找的 ε, δ 關係是對的。

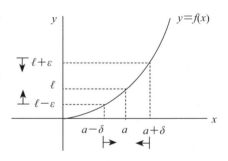

例 1. 求證 $\lim_{x \to 1} 3x + 5 = 8$

解 第一步找出 δ 與 ε 之關係：

$|f(x)-\ell| = |(3x+5)-8| = |3x-3| = 3|x-1| < \varepsilon$

$\therefore |x-1| < \dfrac{\varepsilon}{3}$，$\delta = \dfrac{\varepsilon}{3}$

第二步證明我們找的 $\delta = \dfrac{\varepsilon}{3}$ 是對的。

$$0 < |x - 1| < \delta \Rightarrow 0 < |(3x + 5) - 8| = |3x - 3| = 3|x - 1| < 3\delta$$
$$\Rightarrow 0 < |(3x + 5) - 8| < 3\delta = 3 \cdot \frac{\varepsilon}{3} = \varepsilon$$

例 2. 求證 $\lim_{x \to 2} (5x - 7) = 3$

解 第一步找出 δ 與 ε 之關係：

$$|f(x) - \ell| = |(5x - 7) - 3| = |5x - 10| = 5|x - 2| < \varepsilon$$

$$\therefore |x - 2| < \frac{\varepsilon}{5}，取 \delta = \frac{\varepsilon}{5}$$

第二步證明我們找的 $\delta = \frac{\varepsilon}{5}$ 是對的：

$$0 < |x - 2| < \delta \Rightarrow 0 < |(5x - 7) - 3| = |5x - 10| = 5|x - 2| < 5\delta$$
$$= 5 \cdot \frac{\varepsilon}{5} = \varepsilon$$

以上二個都是用定義證明極限之簡單例子，更複雜的極限如 $\lim_{x \to 1} \frac{1}{x^2 + 1} = \frac{1}{2}$ …需要更複雜的技巧，超過本書範圍。

1.4.2 極限定理

我們可用極限之定義導出定理 A：

定理
A

若 $\lim_{x \to a} f(x) = A$；$\lim_{x \to a} g(x) = B$，則：

（加則）$\lim_{x \to a} [f(x) + g(x)] = \lim_{x \to a} f(x) + \lim_{x \to a} g(x) = A + B$

（減則）$\lim_{x \to a} [f(x) - g(x)] = \lim_{x \to a} f(x) - \lim_{x \to a} g(x) = A - B$

（乘則） $\lim_{x \to a} [f(x) \cdot g(x)] = \lim_{x \to a} f(x) \cdot \lim_{x \to a} g(x) = AB$

（除則） $\lim_{x \to a} \dfrac{g(x)}{f(x)} = \dfrac{\lim_{x \to a} g(x)}{\lim_{x \to a} f(x)} = \dfrac{B}{A}$ ， $A \neq 0$

（冪則） $\lim_{x \to a} [f(x)]^p = [\lim_{x \to a} f(x)]^p = A^p$ ，若 $[\lim_{x \to a} f(x)]^p$ 存在。

$$\lim_{x \to a} f(g(x)) = f(\lim_{x \to a} g(x))$$

在「除則」裡，我們應該知道，若 $\lim_{x \to a} f(x) \neq 0$ 那麼「除則」毫無問題自然成立，但若 $\lim_{x \to a} f(x) = 0$ 時，$g(x)$ 有下列二種情況：

例如 (1)$f(1) = 0$ ， $g(1) = 0$ ：
$$\lim_{x \to 1} \frac{x^2 - 1}{x - 1} = 2$$
(2)$f(1) = 0$ ， $g(1) \neq 0$
$$\lim_{x \to 1} \frac{x^3 - 3}{x - 1} = \frac{-2}{0}$$ 不存在

(1) $\lim_{x \to a} g(x) = 0$ 時， $\lim_{x \to a} \dfrac{g(x)}{f(x)}$ 為不定式，不定式之解法將在本節及 3.6 節討論。

(2) $\lim_{x \to a} g(x) \neq 0$ 時， $\lim_{x \to a} \dfrac{g(x)}{f(x)}$ 不存在。

定理 B 將是帶動上述定理運算之軸心。重要的是，它保證了多項式函數 $f(x)$ 在 $x = a$ 之極限就是 $f(x)$ 的函數值。

定理 B 若 $f(x) = c_0 + c_1 x + c_2 x^2 + \cdots + c_n x^n$ ，則 $\lim_{x \to a} f(x) = c_0 + c_1 a + c_2 a^2 + \cdots + c_n a^n = f(a)$

例 3. 計算：

(1) $\lim\limits_{x\to 1}(3x^2 + 5x - 1) = ?$

(2) $\lim\limits_{x\to 1}(3x^2 + 5x - 1)^5 = ?$

(3) $\lim\limits_{x\to 1}\dfrac{3x^2 + 5x - 1}{x^2 + x - 2} = ?$

(4) $\lim\limits_{x\to 1}\dfrac{(3x^2 + 5x - 1)(2x + 5)}{x^5 - 3x + 1} = ?$

解 (1) $\lim\limits_{x\to 1}(3x^2 + 5x - 1) = 3(1)^2 + 5(1) - 1 = 7$

(2) $\lim\limits_{x\to 1}(3x^2 + 5x - 1)^5 = \left[\lim\limits_{x\to 1}(3x^2 + 5x - 1)\right]^5 = 7^5$ （由 (1)

及定理 A 之冪則）

(3) $\lim\limits_{x\to 1}\dfrac{3x^2 + 5x - 1}{x^2 + x - 2} = \dfrac{\lim\limits_{x\to 1}(3x^2 + 5x - 1)}{\lim\limits_{x\to 1}(x^2 + x - 2)}$

$= \dfrac{7}{0}$ ∴不存在

(4) $\lim\limits_{x\to 1}\dfrac{(3x^2 + 5x - 1)(2x + 5)}{x^5 - 3x + 1}$

$= \dfrac{\lim\limits_{x\to 1}(3x^2 + 5x - 1)(2x + 5)}{\lim\limits_{x\to 1}(x^5 - 3x + 1)}$

$= \dfrac{\lim\limits_{x\to 1}(3x^2 + 5x - 1)\lim\limits_{x\to 1}(2x + 5)}{\lim\limits_{x\to 1}(x^5 - 3x + 1)}$

$= \dfrac{7 \cdot 7}{-1} = -49$

隨堂演練 1.4A

$$\lim_{x \to 1} (3x^2 + 5x - 1)(\sqrt{5x + 4}) = ?$$

Ans: 21

例 4. 若 $\lim_{x \to 3} f(x) = 2$，$\lim_{x \to 3} g(x) = -1$，

求 (1) $\lim_{x \to 3} \dfrac{f(x) - 2}{g(x) - 1}$ (2) $\lim_{x \to 3} f(x) [g^2(x) + 1]^2$

(3) $\lim_{x \to 3} \dfrac{f(x) - x}{x(g(x) - 1)}$

解 (1) $\lim_{x \to 3} \dfrac{f(x) - 2}{g(x) - 1} = \dfrac{\lim_{x \to 3} (f(x) - 2)}{\lim_{x \to 3} (g(x) - 1)} = \dfrac{\lim_{x \to 3} f(x) - \lim_{x \to 3} 2}{\lim_{x \to 3} g(x) - \lim_{x \to 3} 1}$

$$= \dfrac{2 - 2}{(-1) - 1} = 0$$

(2) $\lim_{x \to 3} f(x) [g(x)^2 + 1]^2 = \lim_{x \to 3} f(x) \lim_{x \to 3} [g^2(x) + 1]^2$

$$= \lim_{x \to 3} f(x) [\lim_{x \to 3} g^2(x) + \lim_{x \to 3} 1]^2$$

$$= 2 [(-1)^2 + 1]^2 = 8$$

(3) $\lim_{x \to 3} \dfrac{f(x) - x}{x [g(x) - 1]} = \dfrac{\lim_{x \to 3} (f(x) - x)}{\lim_{x \to 3} x [g(x) - 1]}$

$$= \dfrac{\lim_{x \to 3} f(x) - \lim_{x \to 3} x}{\lim_{x \to 3} x [\lim_{x \to 3} (g(x) - 1)]}$$

$$= \dfrac{2 - 3}{3 [(-1) - 1]} = \dfrac{1}{6}$$

随(堂)演(練) 1.4B

$\lim\limits_{x\to 1} f(x) = 2, \lim\limits_{x\to 1} g(x) = -3$ 　求 $\lim\limits_{x\to 1} \dfrac{3f(x) + g(x)}{1 + f(x)g(x)}$

Ans: $-\dfrac{3}{5}$

習題1.4

1. 求下列各題之極限：

(1) $\lim\limits_{x\to 1}(3x + 2)$

(2) $\lim\limits_{x\to 1}(x^2 + 3x + 2)$

(3) $\lim\limits_{x\to 2}(x^2 + x + 1)$

(4) $\lim\limits_{x\to 3}(x^2 + 1)^4$

2. 若 $\lim\limits_{x\to 1}(x^2 + ax + 2) = 4$，求 a

3. 若 $\lim\limits_{x\to 2} f(x) = 4$，$\lim\limits_{x\to 2} g(x) = -2$，求

(1) $\lim\limits_{x\to 2}(x^2 + 3x)f(x)$

(2) $\lim\limits_{x\to 2} \sqrt{g(x) + 2x}$

(3) $\lim\limits_{x\to 2} \dfrac{f(x)}{g^2(x)}$

(4) $\lim\limits_{x\to 2} \dfrac{xf(x) - 3g(x)}{f(x) - g^2(x)}$

4. 試證 $\lim\limits_{x\to 3}(2x - 3) = 3$

解

1. (1) 5　(2) 6　(3) 7　(4) 10^4

2. 1

3. (1) 40　(2) $\sqrt{2}$　(3) 1　(4) 不存在

4. 取 $\delta = \dfrac{\varepsilon}{2}$

1.5 基本極限解法

學習目標

■因式分解法：$\begin{cases} 因式分解之基本技巧 \\ 綜合除法 \end{cases}$

■ 有理化法
■ 變數變換法
■ 擠壓定理

　　本小節我們將介紹極限之四個最基本解法：因式分解法、有理化法、變數變換法與擠壓定理。

因式分解法

例 1.　求 (1) $\lim\limits_{x \to 1}\dfrac{x^2 - 1}{x - 1} = ?$　(2) $\lim\limits_{x \to 1}\dfrac{x^3 - 1}{x^2 - 1} = ?$

解　(1) $\lim\limits_{x \to 1}\dfrac{x^2 - 1}{x - 1}$　$\left(\dfrac{0}{0}\right)$

$\qquad = \lim\limits_{x \to 1}\dfrac{(x - 1)(x + 1)}{x - 1} = \lim\limits_{x \to 1}(x + 1) = 2$

$\qquad$(2) $\lim\limits_{x \to 1}\dfrac{x^3 - 1}{x^2 - 1}$　$\left(\dfrac{0}{0}\right)$

$\qquad = \lim\limits_{x \to 1}\dfrac{(x - 1)(x^2 + x + 1)}{(x - 1)(x + 1)} = \dfrac{\lim\limits_{x \to 1}(x^2 + x + 1)}{\lim\limits_{x \to 1}(x + 1)} = \dfrac{3}{2}$

例 1. 之 $\lim\limits_{x\to 1}\dfrac{x^2-1}{x-1}$ 與 $\lim\limits_{x\to 1}\dfrac{x^3-1}{x^2-1}$ 均為 $\dfrac{0}{0}$ 型即不定式（Indeterminate Forms），但最後算得之結果卻不相同，這或許是這類極限問題被稱為不定式之緣由。$f(x)$、$g(x)$ 為多項式且 $\lim\limits_{x\to a}\dfrac{g(x)}{f(x)} = \dfrac{\lim\limits_{x\to a}g(x)}{\lim\limits_{x\to a}f(x)}$ 為 $\dfrac{0}{0}$ 型時，即

綜合除法之作法之例子

$\because f(x) = x^4 - 2x^2 + 3x - 2$

又 $f(1) = 0$

$\therefore f(x)$ 有 $x-1$ 之因子：

$$\begin{array}{rrrrr|l}
1 & 0 & -2 & 3 & -2 & \\
  & 1 & 1 & -1 & 2 & 1 \\
\hline
1 & 1 & -1 & 2 & 0 & \\
\end{array}$$

$\underbrace{\qquad\qquad}_{\text{商式}}$

從而 $x^4 - 2x^2 + 3x - 2 = (x-1)(x^3 + x^2 - x + 2)$

$\lim\limits_{x\to a}f(x) = f(a) = 0$ 且 $\lim\limits_{x\to a}g(x) = g(a) = 0$ 時，$g(x)$ 與 $f(x)$ 必有公因子 $x-a$（這可供判斷因式分解結果有無錯誤），我們可透過綜合除法將 $(x-a)$ 提出消掉。

隨堂演練 1.5A

用綜合除法求 (1) $x^4 + x^2 - 2 = (x-1)Q(x)$ 之 $Q(x)$

(2) $x^4 + x - 2 = (x-1)P(x)$ 之 $P(x)$

Ans: $Q(x) = x^3 + x^2 + 2x + 2$

$P(x) = x^3 + x^2 + x + 2$

例 2. 求 $\lim\limits_{x\to 1}\dfrac{x^4 - 2x^2 + 3x - 2}{x^2 - 3x + 2} = ?$

解　$\displaystyle\lim_{x\to 1}\frac{x^4-2x^2+3x-2}{x^2-3x+2}$

$$=\lim_{x\to 1}\frac{(x-1)(x^3+x^2-x+2)}{(x-1)(x-2)}$$

$$=\frac{\displaystyle\lim_{x\to 1}(x^3+x^2-x+2)}{\displaystyle\lim_{x\to 1}(x-2)}=-3$$

例3.　求 $\displaystyle\lim_{x\to -1}\frac{x^2+x-2}{x+1}=?$

解　$\displaystyle\lim_{x\to -1}\frac{x^2+x-2}{x+1}$

$$=\frac{\displaystyle\lim_{x\to -1}(x^2+x-2)}{\displaystyle\lim_{x\to -1}(x+1)}$$

$$=\frac{-2}{0}\quad(不存在)$$

> 一些常用之因式分解公式
> $x^2-y^2=(x+y)(x-y)$
> $x^2+(a+b)x+ab$
> $=(x+a)(x+b)$
> $x^2-(a+b)x+ab$
> $=(x-a)(x-b)$
> $x^3-y^3=(x-y)(x^2+xy+y^2)$
> $x^3+y^3=(x+y)(x^2-xy+y^2)$
> $x^n-y^n=(x-y)(x^{n-1}+x^{n-2}y+$
> $x^{n-3}y^2+\cdots+xy^{n-2}+y^{n-1})$

例4.　求 $\displaystyle\lim_{x\to 0}\frac{1}{x}\left(\frac{1}{x+2}-\frac{1}{2}\right)=?$

解　$\displaystyle\lim_{x\to 0}\frac{1}{x}\left(\frac{1}{x+2}-\frac{1}{2}\right)\quad(\infty\cdot 0)$

$$=\lim_{x\to 0}\frac{1}{x}\left(\frac{2-(x+2)}{2(x+2)}\right)=\lim_{x\to 0}\frac{1}{x}\cdot\frac{-x}{2(x+2)}$$

$$=\lim_{x\to 0}\frac{-1}{2(x+2)}=\frac{-1}{4}$$

　　例 4. 是 $0\cdot\infty$ 型之不定式，這是除了 $\dfrac{0}{0}$ 型外另一種常見之不定式，除此之外，不定式還有 $\infty-\infty$、$\dfrac{\infty}{\infty}$、1^∞、0^∞ 等型態，

我們會在爾後章節中陸續介紹。

隨堂演練 1.5B

1. 求 $\lim\limits_{x \to -a} \dfrac{x^2 - a^2}{x + a} = ?$

2. 求 $\lim\limits_{x \to -2} \dfrac{x^3 + 8}{x^2 + 3x + 2} = ?$

Ans: 1. $-2a$　　2. -12

例 5. $\lim\limits_{x \to -1} \dfrac{x^2 + bx + a}{x + 1} = -3$，求 a, b

解　$\because \lim\limits_{x \to -1} \dfrac{x^2 + bx + a}{x + 1} = -3$ 及 $\lim\limits_{x \to -1}(x + 1) = 0$

$\therefore \lim\limits_{x \to -1}(x^2 + bx + a)$

$= 1 - b + a = 0$　即 $b = a + 1$ 從而

$\lim\limits_{x \to -1} \dfrac{x^2 + bx + a}{x + 1} \xrightarrow{b = a + 1} \lim\limits_{x \to -1} \dfrac{x^2 + (a + 1)x + a}{x + 1}$

$= \lim\limits_{x \to -1} \dfrac{(x + 1)(x + a)}{x + 1} = -1 + a = -3$

$\therefore a = -2$，$b = a + 1 = -1$

　　例 5. 給我們對「$\lim\limits_{x \to a} \dfrac{g(x)}{f(x)} = b$，$b$ 為定值，若 $\lim\limits_{x \to a} f(x) = 0$，則 $\lim\limits_{x \to a} g(x)$ 勢必為 **0**」之體認。

隨堂演練 1.5C

若 $\lim\limits_{x \to 1} \dfrac{x^2 + ax + 1}{x - 1} = b$，求 a, b

Ans: $a = -2, b = 0$

有理化法

例 6. 求 $\lim\limits_{x \to 1} \dfrac{\sqrt{x} - 1}{x - 1} = ?$

解

方法一： $\lim\limits_{x \to 1} \dfrac{\sqrt{x} - 1}{x - 1} = \lim\limits_{x \to 1} \dfrac{\sqrt{x} - 1}{x - 1} \cdot \dfrac{\sqrt{x} + 1}{\sqrt{x} + 1}$

$\qquad = \lim\limits_{x \to 1} \dfrac{(\sqrt{x} - 1)(\sqrt{x} + 1)}{(x - 1)} \cdot \lim\limits_{x \to 1} \dfrac{1}{\sqrt{x} + 1}$

$\qquad = \lim\limits_{x \to 1} \dfrac{x - 1}{x - 1} \cdot \lim\limits_{x \to 1} \dfrac{1}{\sqrt{x} + 1} = 1 \cdot \dfrac{1}{2} = \dfrac{1}{2}$

方法二： $\lim\limits_{x \to 1} \dfrac{\sqrt{x} - 1}{x - 1} = \lim\limits_{x \to 1} \dfrac{\sqrt{x} - 1}{(\sqrt{x} - 1)(\sqrt{x} + 1)}$

$\qquad = \lim\limits_{x \to 1} \dfrac{1}{\sqrt{x} + 1} = \dfrac{1}{2}$

例 7. $\lim\limits_{x \to 0} \dfrac{\sqrt{1 + x} - 1}{x} = ?$

解 $\quad \lim\limits_{x \to 0} \dfrac{\sqrt{1 + x} - 1}{x} = \lim\limits_{x \to 0} \dfrac{\sqrt{1 + x} - 1}{x} \cdot \dfrac{\sqrt{1 + x} + 1}{\sqrt{1 + x} + 1}$

$\qquad = \lim\limits_{x \to 0} \dfrac{(1 + x) - 1}{x(\sqrt{1 + x} + 1)} = \lim\limits_{x \to 0} \dfrac{x}{x(1 + \sqrt{1 + x})}$

$$= \lim_{x \to 0} \frac{1}{1 + \sqrt{1 + x}} = \frac{1}{2}$$

變數變換法

變數變換之技巧在微積分中是很重要的，它不僅可降低計算上之難度外，有時還能將看似不可能解決的問題得以輕易解決，這在極限、積分問題上尤為常見。極限採變數變換法之目的之一是想藉變數變換去掉式子裡的根式等，以便用熟悉之因式分解等方法。

我們將透過例子說明個中技巧。

例 8. 求 (a) $\displaystyle\lim_{x \to 1} \frac{\sqrt[4]{x} - 1}{\sqrt{x} - 1}$ (b) $\displaystyle\lim_{x \to 1} \frac{\sqrt[3]{x} - 1}{\sqrt{x} - 1}$

解 (a) $\displaystyle\lim_{x \to 1} \frac{\sqrt[4]{x} - 1}{\sqrt{x} - 1} \xlongequal{y = x^{\frac{1}{4}}} \lim_{y \to 1} \frac{y - 1}{y^2 - 1}$

$$= \lim_{y \to 1} \frac{y - 1}{(y - 1)(y + 1)}$$

$$= \lim_{y \to 1} \frac{1}{y + 1} = \frac{1}{2}$$

(b) 冪次 $\frac{1}{2}$, $\frac{1}{3}$ 之分母 2, 3 之最小公倍數為 6 ∴ 我們取 $y = x^{\frac{1}{6}}$

> 變數變換法目的之一是要去掉極限式裡之根號，在 (a) 極限式 $\dfrac{\sqrt[4]{x} - 1}{\sqrt{x} - 1} = \dfrac{x^{\frac{1}{4}} - 1}{x^{\frac{1}{2}} - 1}$，如果取冪次 $\frac{1}{4}$, $\frac{1}{2}$ 中分母之最小公倍數 4，令 $y = x^{\frac{1}{4}}$，則極限式變為 $\dfrac{y - 1}{y^2 - 1}$，如此便可用因式分解。同時 ∵ $y = x^{\frac{1}{4}}$ ∴ $x \to 1$ 得 $y = x^{\frac{1}{4}} \to 1$。

$$\lim_{x \to 1} \frac{\sqrt[3]{x} - 1}{\sqrt{x} - 1} \xLeftrightarrow{y = x^{\frac{1}{6}}} \lim_{y \to 1} \frac{y^2 - 1}{y^3 - 1} = \lim_{y \to 1} \frac{(y-1)(y+1)}{(y-1)(y^2 + y + 1)}$$

$$= \lim_{y \to 1} \frac{y+1}{y^2 + y + 1} = \frac{2}{3}$$

例 9. 求 $\lim_{x \to 1} \dfrac{\sqrt{x} + \sqrt[3]{x} - 2}{x - 1}$

解 $\lim_{x \to 1} \dfrac{\sqrt{x} + \sqrt[3]{x} - 2}{x - 1} \xLeftrightarrow{y = x^{\frac{1}{6}}} \lim_{y \to 1} \dfrac{y^3 + y^2 - 2}{y^6 - 1}$

$$= \lim_{y \to 1} \frac{(y - 1)(y^2 + 2y + 2)}{(y - 1)(y^5 + y^4 + y^3 + y^2 + y + 1)}$$

$$= \lim_{y \to 1} \frac{y^2 + 2y + 2}{y^5 + y^4 + y^3 + y^2 + y + 1} = \frac{5}{6}$$

讀者會發現例 6 ～ 9 均可用導數定義求解。（以例 9 爲例

$\lim_{x \to 1} \dfrac{\sqrt{x} + \sqrt[3]{x} - 2}{x - 1} = \lim_{x \to 1} \dfrac{(\sqrt{x} - 1) + (\sqrt[3]{x} - 1)}{x - 1}$ 這相當求 $f(x) = \sqrt{x}$,

$g(x) = \sqrt[3]{x}$ 在 $x = 1$ 處之導數和）數學方法是很活絡的，讀者在

解題時選擇適當的解法可省力不少且可避免錯誤。

隨堂演練 1.5D

用適當之變數變換求 $\lim_{x \to 1} \dfrac{\sqrt[4]{x} - 1}{\sqrt[3]{x} - 1}$

Ans: $\dfrac{3}{4}$ ，提示：4, 3 之最小倍數爲 12，故取 $y = x^{\frac{1}{12}}$ 行變數

變換；$\dfrac{3}{4}$

擠壓定理

定理
C

擠壓定理（Squeezing Theorem），在某個包含 a 之區間 I 中，若 $f(x) \geq g(x) \geq h(x)$，且 $\lim\limits_{x \to a} f(x) = \lim\limits_{x \to a} h(x) = l$ 則 $\lim\limits_{x \to a} g(x) = l$，其中 $a \in I$。

擠壓定理又稱為**三明治定理**（Sandwich Theorem）。以下是擠壓定理之應用。

例 10. 在〔$-2, 2$〕中，

$f(x)$ 滿足

$1 + x^2 \geq f(x) \geq 1 - x^2$，求

$\lim\limits_{x \to 0} f(x) = ?$

解 $\because \lim\limits_{x \to 0} (1 + x^2)$

$= \lim\limits_{x \to 0} (1 - x^2) = 1$

$\therefore \lim\limits_{x \to 0} f(x) = 1$

> 在應用擠壓定理時應確認：
> 1. 在包含 a 之某個區間內 $f(x) \geq g(x) \geq h(x)$，$f(x)$ 與 $h(x)$ 可能是題給的，那最省事，直接應用即可。否則必需自找（創）
> 2. $\lim\limits_{x \to a} f(x) = \lim\limits_{x \to a} h(x)$ 必須成立。

習題 1.5

1. 計算下列各題之極限

(1) 求 $\lim\limits_{x \to 0} \dfrac{x^2 + x}{x} = ?$

(2) 求 $\lim\limits_{x \to -2} \dfrac{x^2 + 5x + 6}{x^2 + 4x + 4} = ?$

(3) 求 $\displaystyle\lim_{x\to 3}\frac{x^2-2x-3}{x^3+2}=$?　　(4) 求 $\displaystyle\lim_{x\to 1}\frac{x-1}{x^2-x}=$?

(5) 求 $\displaystyle\lim_{h\to 3}\sqrt{3h-5}=$?　　(6) 求 $\displaystyle\lim_{x\to 1}\frac{x-1}{x^2+1}=$?

(7) 求 $\displaystyle\lim_{x\to 0}\frac{1}{x}\cdot(\frac{1}{x+1}-1)=$?　　(8) 求 $\displaystyle\lim_{x\to 1}\frac{x}{x^2-1}=$?

(9) $\displaystyle\lim_{h\to 0}\frac{\sqrt{x+h}-\sqrt{x}}{h}$　　(10) $\displaystyle\lim_{x\to 2}\frac{x-2}{\sqrt{x+2}-2}$

2. 若在 $[0,3]$ 有 $x^2+x+1\le f(x)\le x^2+3x+1$，求 $\displaystyle\lim_{x\to 1}f(x)=$?

3. $1\ge f(x)\ge 0$，試證 $\displaystyle\lim_{x\to 0}x^2 f(x)=0$

解

1. (1) 1　(2) 不存在　(2) 0　(4) 1　(5) 2　(6) 0　(7) -1

(8) 不存在　(9) $\dfrac{1}{2\sqrt{x}}$　(10) 4

2. 1

1.6　無窮極限與漸近線

學習目標

■ 了解∞與∞之基本結果

■ 用直觀方式解出無窮極限

■ 不定式 $\dfrac{\infty}{\infty}$ 與 $\infty-\infty$ 之解法

■漸近線之定義與基本解法

1.6.1　∞

　　由 1.2.2 節之無限大之概念，我們不難有以下之基本結果（a 為一個實常數）：

■ $\infty \pm a$ 仍是 ∞，我們不能說 $\infty + a > \infty$

■ $\infty \pm \infty$ 和 $\infty \cdot \infty$ 都是 ∞

■ $a\infty$ 有以下結果：$a > 0$ 時，$a\infty$ 為 ∞，$a < 0$，$a\infty$ 為 $-\infty$

■ $0 \cdot \infty$、$\infty - \infty$，$\dfrac{\infty}{\infty}$ 均為不定式（Indeterminate form）。

1.6.2　$\displaystyle\lim_{x \to \infty} f(x)$ 之直觀意義

　　考慮函數 $f(x) = \dfrac{1}{x}$，$x \neq 0$，若 $x \to 0^+$，$f(x) = \dfrac{1}{x} \to +\infty$，（$+\infty$ 表正的無窮大，在不致混淆下我們逕以 ∞ 表 $+\infty$），若 $x \to 0^-$，$f(x) = \dfrac{1}{x} \to -\infty$，（$-\infty$ 表負的無窮大），若 $x \to \infty$，$f(x) = \dfrac{1}{x} \to 0$，若 $x \to \infty$，$f(x) = \dfrac{1}{x} \to 0$，這可仿 1.3.1 節之直觀極限的方式而得以觀察：

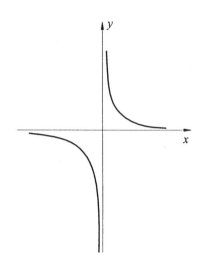

(1) $x \to 0^{+}$

x	0.1	0.01	0.001	$\cdots\cdots$
$f(x)$	10	100	1000	$\to \infty$

（在不混淆下本書＋∞亦寫成∞）

(2) $x \to 0^{-}$

x	-0.1	-0.01	$\cdots$	-0.001	
$f(x)$	-10	-100	$\cdots$	-1000	$\to -\infty$

(3) $x \to +\infty$

x	10	100	1000	$\cdots\cdots$
$f(x)$	0.1	0.01	0.001	$\to 0$

(4) $x \to -\infty$

x	-10	-100	$\cdots$	-1000	
$f(x)$	-0.1	-0.01	$\cdots$	-0.001	$\to 0$

例 1. 求 (1) $\lim\limits_{x \to 1^+} \dfrac{1}{x-1} = ?$　(2) $\lim\limits_{x \to 1^-} \dfrac{1}{x-1} = ?$

解　(1) $\lim\limits_{x \to 1^+} \dfrac{1}{x-1} = \infty$

　　(2) $\lim\limits_{x \to 1^-} \dfrac{1}{x-1} = -\infty$

例 2. 求 (1) $\lim\limits_{x \to -1^+} \dfrac{1}{1+x} = ?$　(2) $\lim\limits_{x \to -1^-} \dfrac{1}{1+x} = ?$

解　(1) $\lim\limits_{x \to -1^+} \dfrac{1}{1+x} = \infty$

　　(2) $\lim\limits_{x \to -1^-} \dfrac{1}{1+x} = -\infty$

1.6.3　無窮極限之定理

本子節討論之無窮極限的定義有：

定義 I

（$\lim\limits_{x \to \infty} f(x) = A$ 之定義）對任一正數 $\varepsilon > 0$，存在一個 $M >$ 0 使得 $\begin{cases} x > M \\ x < -M \end{cases}$ 時恆有 $|f(x) - A| < \varepsilon$ 則 $\begin{cases} \lim\limits_{x \to +\infty} f(x) = A \\ \lim\limits_{x \to -\infty} f(x) = A \end{cases}$

定義 II

（$\lim\limits_{x \to a} f(x) = \infty$ 之定義）對任意正數 M（不論 M 有多大），總存正數 $\delta > 0$，使得 $0 < |x-a| < \delta$ 時均有 $|f(x)| > M$ 則稱 x 趨近 a 時，$f(x)$ 之極限為無窮大。以 $\lim\limits_{x \to a} f(x) = \infty$ 表之。類似定義 $\lim\limits_{x \to a} f(x) = -\infty$。

我們可由定義導出定理 A

定理 A 若 $\lim\limits_{x\to\infty} f(x) = A$，$\lim\limits_{x\to\infty} g(x) = B$，$A, B$ 為有限值；則

(1) $\lim\limits_{x\to\infty}(f(x) \pm g(x)) = \lim\limits_{x\to\infty} f(x) \pm \lim\limits_{x\to\infty} g(x) = A \pm B$

(2) $\lim\limits_{x\to\infty}(f(x) \cdot g(x)) = \lim\limits_{x\to\infty} f(x) \cdot \lim\limits_{x\to\infty} g(x) = A \cdot B$

(3) $\lim\limits_{x\to\infty}\dfrac{f(x)}{g(x)} = \dfrac{\lim\limits_{x\to\infty} f(x)}{\lim\limits_{x\to\infty} g(x)} = \dfrac{A}{B}$，但 $B \neq 0$

(4) $\lim\limits_{x\to\infty}[f(x)]^p = [\lim\limits_{x\to\infty} f(x)]^p = A^p$，若 A^p 存在

(5) $\lim\limits_{x\to\infty}(a_n x^n + a_{n-1}x^{n-1} + \cdots + a_1 x + a_0) = \lim\limits_{x\to\infty} a_n x^n$

由定理 A 之 (5)，可知即多項式之無窮極限取決於多項式之最高次項在無窮大之極限。

當 $x \to \infty$ 時，定理 A 仍成立。

例 3. 求 (1) $\lim\limits_{x\to\infty}(x^2 - 3x + 1) = ?$　(2) $\lim\limits_{x\to-\infty}(x^2 - 3x + 1) = ?$

解 (1) $\lim\limits_{x\to\infty}(x^2 - 3x + 1) = \lim\limits_{x\to\infty} x^2 = (\lim\limits_{x\to\infty} x)^2 = \infty$

(2) $\lim\limits_{x\to-\infty}(x^2 - 3x + 1) = \lim\limits_{x\to-\infty} x^2 = (\lim\limits_{x\to-\infty} x)^2 = \infty$

例 4. 求 (1) $\lim\limits_{x\to\infty}(-x^2 + 3x + 1) = ?$ (2) $\lim\limits_{x\to-\infty}(-x^2 + 3x + 1) = ?$

解 (1) $\lim\limits_{x\to\infty}(-x^2 - 3x + 1) = \lim\limits_{x\to\infty}(-x^2) = -\lim\limits_{x\to\infty} x^2$

$= -(\lim\limits_{x\to\infty} x)^2 = -\infty$

(2) $\lim\limits_{x\to-\infty}(-x^2 - 3x + 1) = \lim\limits_{x\to-\infty}(-x^2) = -\lim\limits_{x\to-\infty} x^2$

$= -(\lim\limits_{x\to-\infty} x)^2 = -\infty$

$$\boxed{\text{定理 B}} \quad \lim_{x \to \infty} \frac{a_m x^m + a_{m-1} x^{m-1} + \cdots + a_1 x + a_0}{b_n x^n + b_{n-1} x^{n-1} + \cdots + b_1 x + b_0}$$

$$= \begin{cases} \infty, & a_m, b_n \text{同號，且 } m > n \text{ 時；} \\ -\infty, & a_m, b_n \text{異號，且 } m > n \text{ 時；} \\ \dfrac{a_m}{b_n}, & m = n \text{ 且 } b_n \neq 0 \text{ 時；} \\ 0, & m < n \text{。} \end{cases}$$

定理 B 相當於用分子、分母中最高次數之項遍除分子、分母而得的，這可便於我們用視察法決定有理分式之無窮極限。

例 5. 求 (1) $\lim\limits_{x \to \infty} \dfrac{x - 1}{x^2 - 3x + 1} = ?$ (2) $\lim\limits_{x \to \infty} \dfrac{-x + 1}{x^2 - 3x + 1} = ?$

解   (1) $\lim\limits_{x \to \infty} \dfrac{x - 1}{x^2 - 3x + 1} = 0$

     (2) $\lim\limits_{x \to \infty} \dfrac{-x + 1}{x^2 - 3x + 1} = 0$

例 6. 求 (1) $\lim\limits_{x \to \infty} \dfrac{2x^2 + x - 3}{3x^2 - 2x + 1} = ?$ (2) $\lim\limits_{x \to \infty} \dfrac{-2x^2 + x - 3}{3x^2 - 2x + 1} = ?$

解   (1) $\lim\limits_{x \to \infty} \dfrac{2x^2 + x - 3}{3x^2 - 2x + 1} = \dfrac{2}{3}$

     (2) $\lim\limits_{x \to \infty} \dfrac{-2x^2 + x - 3}{3x^2 - 2x + 1} = -\dfrac{2}{3}$

隨堂演練 1.6A

求 $\displaystyle \lim_{x \to \infty} \frac{-3x^2 - 3x + 1}{x^2 - 3x + 1} = ?$

Ans: -3

1.6.4 $\displaystyle \lim_{x \to -\infty} f(x)$

這類問題往往可令 $y = -x$，將原問題化成 $\displaystyle \lim_{y \to \infty} f(-y)$ 型態再行求解。

例7. 求 (1) $\displaystyle \lim_{x \to -\infty} \frac{2x^2 + x - 3}{3x^2 - 2x + 1} = ?$ (2) $\displaystyle \lim_{x \to -\infty} \frac{-2x^2 + x - 3}{3x^2 - 2x + 1} = ?$

解　(1) $\displaystyle \lim_{x \to -\infty} \frac{2x^2 + x - 3}{3x^2 - 2x + 1} \xJrightarrow{y = -x} \lim_{y \to \infty} \frac{2(-y)^2 + (-y) - 3}{3(-y)^2 - 2(-y) + 1}$

$\displaystyle = \lim_{y \to \infty} \frac{2y^2 - y - 3}{3y^2 + 2y + 1} = \frac{2}{3}$

(2) $\displaystyle \lim_{x \to -\infty} \frac{-2x^2 + x - 3}{3x^2 - 2x + 1} \xJrightarrow{y = -x} \lim_{y \to \infty} \frac{-2(-y)^2 + (-y) - 3}{3(-y)^2 - 2(-y) + 1}$

$\displaystyle = \lim_{y \to \infty} \frac{-2y^2 - y - 3}{3y^2 + 2y + 1} = -\frac{2}{3}$

例8. 求 $\displaystyle \lim_{x \to -\infty} \frac{2x^3 + x^2 - 1}{x^3 - 3x + 1} = ?$

解　$\displaystyle \lim_{x \to -\infty} \frac{2x^3 + x^2 - 1}{x^3 - 3x + 1} \xJrightarrow{y = -x} \lim_{y \to \infty} \frac{2(-y)^3 + (-y)^2 - 1}{(-y)^3 - 3(-y) + 1}$

$\displaystyle = \lim_{y \to \infty} \frac{-2y^3 + y^2 - 1}{-y^3 + 3y + 1} = 2$

1. 求 $\lim\limits_{x \to -\infty} \dfrac{x^2 - 3x + 1}{x^3 - 3x + 1} = ?$

2. 求 $\lim\limits_{x \to -\infty} \dfrac{\sqrt{2x^2 + 4}}{x + 5} = ?$

Ans: 1. 0　2. $-\sqrt{2}$

1.6.5 ∞ - ∞

我們已學會了幾種不定式之基本求法，現在我們要介紹的是另一種重要的不定式「$\infty - \infty$」。

例 9. 求 $\lim\limits_{x \to \infty}(\sqrt{1 + x^2} - x)$

解
$$\lim_{x \to \infty}(\sqrt{1 + x^2} - x) = \lim_{x \to \infty}(\sqrt{1 + x^2} - x)\frac{\sqrt{1 + x^2} + x}{\sqrt{1 + x^2} + x}$$
$$= \lim_{x \to \infty}\frac{1}{\sqrt{1 + x^2} + x} = 0$$

例 10. 求 $\lim\limits_{x \to \infty}(\sqrt{x^2 + x} - x)$

解
$$\lim_{x \to \infty}(\sqrt{x^2 + x} - x) = \lim_{x \to \infty}(\sqrt{x^2 + x} - x)\frac{\sqrt{x^2 + x} + x}{\sqrt{x^2 + x} + x}$$
$$= \lim_{x \to \infty}\frac{x}{\sqrt{x^2 + x} + x}$$
$$= \lim_{x \to \infty}\frac{1}{\sqrt{1 + \dfrac{1}{x}} + 1} = \frac{1}{2} \quad （分子、分母通除 x）$$

随堂演練 1.6C

驗證 $\lim\limits_{x \to \infty}(\sqrt{1+x} - \sqrt{x}) = 0$

1.6.6 漸近線

什麼是漸近線（Asymptote）？簡單地說，$y = f(x)$ 之漸近線是一條直線，而這條直線可與 $y = f(x)$ 圖形無限接近但不與 $y = f(x)$ 圖形相交。

漸近線之三種圖形：		
$y=f(x)$以$y=a$為水平漸近線	$y=f(x)$以$x=b$為水平漸近線	$y=f(x)$以$y=x$為斜漸近線並以y軸為垂直漸近線

定義 若 (1) $\lim\limits_{x \to a^+} f(x) = \infty$，(2) $\lim\limits_{x \to a^+} f(x) = -\infty$，(3) $\lim\limits_{x \to a^-} f(x) = \infty$，(4) $\lim\limits_{x \to a^-} f(x) = -\infty$ 中有一項成立時，稱 $x = a$ 為曲線 $y = f(x)$ 之垂直漸近線（Vertical Asymptote）。

若 (1) $\lim\limits_{x \to \infty} f(x) = b$，或 (2) $\lim\limits_{x \to -\infty} f(x) = b$ 有一項成立時，稱 $y = b$ 爲曲線 $y = f(x)$ 之水平漸近線（Horizontal Asymptote）。

若 $\lim\limits_{x \to \pm\infty} (y - mx - b) = 0$，則稱 $y = mx + b$ 爲曲線 $y = f(x)$ 之斜漸近線（Skew Asymptote）。

在求 $y = \dfrac{q(x)}{p(x)}$（$p(x)$，$q(x)$ 均爲 x 之多項式）之漸近線時，大致可用下列之方式求得：

若 $y = \dfrac{q(x)}{p(x)}$ 爲假分式，若 $q(x)$ 次數 $= p(x)$ 次數或 $q(x)$ 次數 $= p(x)$ 次數 $+ 1$ 時，我們可把它化成帶分式，此時 $y = t(x) + \dfrac{r(x)}{p(x)}$：$t(x) = b$ 時，$y = b$ 爲水平漸近線，$t(x) = mx + b$ 時，$y = mx + b$ 爲斜漸近線。

但要注意的是：$y = x^2 + \dfrac{1}{x}$ 之 $y = x^2$ 絕不是 $y = f(x)$ 之漸近線（$\because y = x^2$ 是拋物線，不是直線，漸近線需爲直線）。

例 11. $y = \dfrac{1}{x}$ 之漸近線爲何？

解 $\lim\limits_{x \to 0^+} y = \lim\limits_{x \to 0^+} \dfrac{1}{x} = +\infty$

$\therefore y$ 軸是其垂直漸近線；

$\lim\limits_{x \to \infty} y = \lim\limits_{x \to \infty} \dfrac{1}{x} = 0$

$\therefore x$ 軸是其水平漸近線。

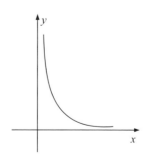

例 12. 求 $y = \dfrac{2}{x(x-1)}$ 之漸近線？

解　$\because \lim\limits_{x\to 0^+}\dfrac{2}{x(x-1)} = -\infty$　$\therefore x = 0\,(y\,軸)$ 爲垂直漸近線；

　　　$\because \lim\limits_{x\to 1^+}\dfrac{2}{x(x-1)} = \infty$　　　$\therefore x = 1$ 爲另一垂直漸近線。

例 13. 求 $y = \dfrac{x^2}{(x-1)(x-2)}$ 之漸近線？

解　(1) $\because \lim\limits_{x\to 1^+}\dfrac{x^2}{(x-1)(x-2)} = -\infty$　$\therefore x = 1$ 爲垂直漸近線；

　　(2) $\because \lim\limits_{x\to 2^+}\dfrac{x^2}{(x-1)(x-2)} = \infty$　　$\therefore x = 2$ 爲垂直漸近線；

　　(3) $\because \lim\limits_{x\to \infty}\dfrac{x^2}{(x-1)(x-2)} = 1$　　$\therefore y = 1$ 爲水平漸近線；

　　　或 $y = \dfrac{x^2}{(x-1)(x-2)} = 1 + \dfrac{3x-2}{(x-1)(x-2)}$

　　　$\therefore y = 1$ 爲水平漸近線。

隨堂演練 1.6D

求 $y = \dfrac{x}{x^2 - 4x - 5}$ 之漸近線？

Ans: $x = 5$ 與 $x = -1$

習題 1.6

1. 請直接書出下列無限極限之結果：

(1) $\lim\limits_{x \to \infty} \dfrac{2x + 1}{x^2 - 3x + 1}$

(2) $\lim\limits_{x \to \infty} \dfrac{2x^3 + 7x^2 + 4}{3x^3 - 3x + 5}$

(3) $\lim\limits_{x \to \infty} \dfrac{-3x^5 + 4x^2 - 7}{x^5 - 2x^4 - x + 7}$

(4) $\lim\limits_{x \to \infty} \dfrac{x^4 + 1}{x^3 + 7x^2 - 9x + 2}$

(5) $\lim\limits_{x \to \infty} \dfrac{x^2}{x + 1}$

(6) $\lim\limits_{x \to \infty} \dfrac{x^3 - 1}{x^4 + x^2 + 1}$

2. 計算：

(1) $\lim\limits_{x \to \infty} \dfrac{(x + 1)(2x + 1)(3x + 1)}{(x - 1)(2x - 1)(3x - 1)} = \, ?$

(2) $\lim\limits_{x \to \infty} \dfrac{(x - 1)(x + 1)(x + 3)(x + 4)(x + 5)}{(3x + 1)^5} = \, ?$

3. 求下列各小題之漸近線：

(1) $y = \dfrac{x^3 - x - 4}{1 - x^2}$

(2) $y = \dfrac{x + 1}{x}$

(3) $y = \dfrac{x^3}{x^2 - 1}$

(4) $y = \dfrac{x^3}{x + 1}$

(5) $y = \dfrac{x^2}{x^2 - 4}$

4. 計算：

(1) $\lim\limits_{x \to \infty^+} \left(x\sqrt{x^2 + 1} - x^2 \right)$

(2) $\lim\limits_{x \to \infty^+} \left(\sqrt{x^2 + x - 1} - \sqrt{x^2 - x + 1} \right)$

(3) $\lim\limits_{x \to \infty} \left(\sqrt{x^2 + 3x} - x \right)$

(4) $\lim\limits_{x \to -\infty} \left(\sqrt{x^2 + ax} - \sqrt{x^2 - ax} \right)$

(5) $\lim\limits_{x \to \infty} x\left(\sqrt{x^2 + a^2} - x \right)$

5. 計算：

(1) $\lim\limits_{x \to -\infty} \dfrac{\sqrt{x^2 - 3}}{x}$

(2) $\lim\limits_{x \to -\infty} \dfrac{3 - x}{\sqrt{1 + 6x^2}}$

(3) $\lim\limits_{x \to -\infty} \dfrac{\sqrt{9x^2 - 1}}{x + 5}$

(4) $\lim\limits_{x \to -\infty} \dfrac{x\sqrt{-x}}{\sqrt{1 - 4x^3}}$

6. 試證 $\lim\limits_{x \to \infty} \sqrt{(x + a)(x + b)} - x = \dfrac{a + b}{2}$

解

1. (1) 0　(2) $\dfrac{2}{3}$　(3) -3　(4) 不存在　(5) 不存在　(6) 0

2. (1) 1　(2) $\dfrac{1}{3^5} = \dfrac{1}{243}$

3. (1) $y = -x$，$x = \pm 1$　(2) y 軸，$y = 1$　(3) $y = x$，$x = \pm 1$

　(4) $x = -1$〔注意：$y = x^2 - x + 1$ 不是漸近（直）線〕

　(5) $y = 1$，$x = 2$，$x = -2$

4. (1) $\dfrac{1}{2}$　(2) 1　(3) $\dfrac{3}{2}$　(4) $-a$　(5) $\dfrac{a^2}{2}$

5. (1) -1　(2) $\dfrac{1}{\sqrt{6}}$ 或 $\dfrac{\sqrt{6}}{6}$　(3) -3　(4) $-\dfrac{1}{2}$

1.7　連續

學習目標

■ 判斷 $f(x)$ 在 $x = a$ 處之連續性。
■ 理解閉區間連續函數之基本性質，特別注意閉區間三個字。

1.7.1　函數連續之定義

我們前已說過一連續函數之圖形應是沒有洞（Holes）或者是**躍起**（Gap）之未斷曲線，換言之，這種連續函數之圖形是可用筆在正常情況下一筆繪成的。我們可用極限與函數之觀念來對函數之連續性做更精確之描述：

定義　若 $f(x)$ 滿足下述條件則稱 $f(x)$ 在 $x = x_0$ 處連續：

(a) $f(x_0)$ 存在；

(b) $\lim\limits_{x \to x_0} f(x)$ 存在 $\left(\lim\limits_{x \to x_0^+} f(x) = \lim\limits_{x \to x_0^-} f(x) \right)$；

(c) $\lim\limits_{x \to x_0} f(x) = f(x_0)$。

若 $f(x)$ 在 $x = x_0$ 處無法滿足定義中三個條件之任一項，我們便稱 $f(x)$ 在 $x = x_0$ 處不連續。一般而言，**我們判斷 $f(x)$ 在 $x = x_0$ 處是否連續可先從 $\lim\limits_{x \to x_0} f(x)$ 著手**，因為 $\lim\limits_{x \to x_0} f(x)$ 不存在，

則 $f(x)$ 在 $x = x_0$ 處一定無法連續，反之，若 $\lim\limits_{x \to x_0} f(x)$ 存在，我們有可能可令 $f(x_0) = \lim\limits_{x \to x_0} f(x)$，而使得 $f(x)$ 在 $x = x_0$ 處連續。

定理 A

若 f 與 g 在 $x = x_0$ 處連續，則：

(a) $f \pm g$ 在 $x = x_0$ 處連續；

(b) $f \cdot g$ 在 $x = x_0$ 處連續；

(c) $\dfrac{f}{g}$ 在 $x = x_0$ 處連續，但 $g(x_0) \neq 0$；

(d) f^n 在 $x = x_0$ 處連續；

(e) $\sqrt[n]{f}$ 在 $x = x_0$ 處連續（但 n 為偶數時需 $f(x_0) \geq 0$）；

(f) $f(g(x))$ 及 $g(f(x))$ 在 $x = x_0$ 處連續。

(g) $f(x)$ 在 $x = x_0$ 處連續。

證明

（只證 (c)）

若 f, g 在 $x = x_0$ 處連續則 $\lim\limits_{x \to x_0} f(x) = f(x_0) = A$

$\lim\limits_{x \to x_0} g(x) = g(x_0) = B$

$\therefore \lim\limits_{x \to x_0} (f(x) + g(x))$

$= \lim\limits_{x \to x_0} f(x) + \lim\limits_{x \to x_0} g(x) = A + B$

$= f(x_0) + g(x_0) = (f+g)(x_0)$

$= A + B$

即 $f(x) + g(x)$ 在 $x = x_0$ 處連續。　　■

讀者可仿證其餘。

例 1. 已知 $f(x) = \dfrac{x+4}{x+3}$ 則：

(1) $f(x)$ 在 $x = 4$ 處是否連續？

(2) $f(x)$ 在 $x = -3$ 處是否連續？

解 (1) $\displaystyle\lim_{x \to 4}\dfrac{x+4}{x+3} = \dfrac{8}{7}$ 又 $f(4) = \dfrac{4+4}{4+3} = \dfrac{8}{7}$

$\because \displaystyle\lim_{x \to 4}\dfrac{x+4}{x+3} = \dfrac{8}{7} = f(4)$

$\therefore f(x) = \dfrac{x+4}{x+3}$ 在 $x = 4$ 處連續。

(2) $\because \displaystyle\lim_{x \to -3}\dfrac{x+4}{x+3} = \dfrac{1}{0}$ 不存在

$\therefore f(x) = \dfrac{x+4}{x+3}$ 在 $x = -3$ 處不連續。

由定理 1.4.2B 可知多項式函數 $f(x) = a_n x^n + a_{n-1} x^{n-1} + \cdots + a_1 x + a_0$，若 c 為 $f(x)$ 定義域中之任意實數，則 $f(x)$ 在 $x = c$ 處必為連續。

考慮一有理函數 $q(x)/p(x)$，若存在一點 c 使得 $p(c) = 0$，但 $q(c) \neq 0$ 則此有理函數在 $x = c$ 處為不連續。這在例 1. 中已可看出。我們將再做進一步之說明。

例 2. 討論下列有理函數之連續性為何？

(1) $f_1(x) = \dfrac{x+3}{x^2+1}$

(2) $f_2(x) = \dfrac{x+3}{(x^2+1)(x-3)}$

(3) $f_3(x) = \dfrac{x+3}{(x^2+1)(x^2-4x+3)}$

(4) $f_4(x) = \dfrac{x+3}{x^2(x^2+1)(x^2-4x+3)}$

在解例 2 這類問題時，應注意：
1. 我們討論只限實數系。
2. 考慮使 $f(x)$ 無意義（如分母為 0）之點。

解　(1)因任一實數 x 而言都不會使 $f_1(x)$ 之分母 $x^2 + 1$ 為 0，故 $f_1(x)$ 無不連續點，即處處連續；

(2)因 $x = 3$ 時 $f_2(x)$ 之分母 $(x^2 + 1)(x-3) = 0$　∴ $f_2(x)$ 在 $x = 3$ 處為不連續，其餘各點均為連續；

(3) $f_3(x)$ 之分母 $(x^2 + 1)(x^2-4x + 3) = (x^2 + 1)(x-3)(x-1)$ ∴當 $x = 1$ 或 3 時 $f_3(x)$ 之分母為 0，因此 $f_3(x)$ 在 $x = 1$ 及 $x = 3$ 處不連續，其餘各點均為連續；

(4) $f_4(x)$ 之分母在 $x = 0, 1, 3$ 時均為 0，故 $f_4(x)$ 在 $x = 0, 1, 3$ 處為不連續，其餘各點均為連續。

隨堂演練 1.7A

1. 討論下列函數之連續性：$f(x) = \dfrac{x - 3}{(x - 1)^2 (x + 2) \sqrt{x^2 + 1}}$。

2. 討論下列函數之連續性：$g(x) = \dfrac{x - 3}{(x + 3) \sqrt{(x - 2)(2x + 1)}}$。

Ans: 1. 在 $x = 1, -2$ 處不連續

2. $x = 2$，$-\dfrac{1}{2}$，-3 處不連續

例 3.　討論 $f(x) = \begin{cases} 2x + 3 & , x \geq 1 \\ 4x + 2 & , x < 1 \end{cases}$ 之連續性？

解　$f(x) = \begin{cases} 2x + 3 & , x \geq 1 \\ 4x + 2 & , x < 1 \end{cases}$ 考慮 $x = 1$ 之情況：

$\lim\limits_{x \to 1^+} f(x) = \lim\limits_{x \to 1^+} (2x + 3) = 5$

$\lim\limits_{x \to 1^-} f(x) = \lim\limits_{x \to 1^-} (4x + 2) = 6$

$x < 1$		$x \geq 1$
$4x + 2$	1	$2x + 3$

$\because \lim\limits_{x \to 1^+} f(x) \neq \lim\limits_{x \to 1^-} f(x)$，

$\therefore \lim\limits_{x \to 1} f(x)$ 不存在，因此 $f(x)$ 在 $x = 1$ 處不連續，在定義

域內之其餘各點均爲連續。

例 4. $f(x) = \begin{cases} \dfrac{x^2 - 1}{x - 1} & , \ x \neq 1 \\ k & , \ x = 1 \end{cases}$，請問是否存在一個 k 使得 $f(x)$ 在

$x = 1$ 處爲連續？

解 $\quad \because \lim\limits_{x \to 1} \dfrac{x^2 - 1}{x - 1} = 2 \therefore$ 我們可令 $k = 2$ 以使得 $f(x)$ 在 $x = 1$ 處

爲連續。

隨堂演練 1.7B

$f(x) = \begin{cases} \dfrac{x^3 - 1}{x^2 - 1} & , \ x = 1 \\ k & , \ x \neq 1 \end{cases}$，請問是否存在一個 k 使得 $f(x)$ 在

$x = 1$ 處爲連續？

Ans: $k = \dfrac{3}{2}$

1.7.2 閉區間上連續函數之性質

$f(x)$ 在 $[a, b]$ 中爲連續，則它有一些重要性質：

定理 B （勘根定理）$f(x)$ 在 $[a, b]$ 中為連續，若 $f(a)f(b) < 0$ 則 $f(x) = 0$ 在 (a, b) 中至少有一個零點（Zero）。

定理 B 在解釋上要注意：

連續函數 $f(x)$ 在 $[a, b]$ 中若 $f(a)f(b) < 0$ 則由定理 C 知 $f(x) = 0$ 在 (a, b) 中至少有一個根或奇數個根，但若 $f(a)f(b) > 0$ 則 $f(x) = 0$ 在 (a, b) 中可能有偶數個根包含 0 個根，如例 6。

例 5. $f(x) = x(x-1)(x-2)(x-3)(x-4)$，則

(1) $\because f(0.5) > 0, f(1.5) < 0 \therefore f(0.5)f(1.5) < 0$

　　$f(x) = 0$ 在 $(0.5, 1.5)$ 中有 1 個根，$x = 1$

(2) $\because f(0.5) > 0, f(3.5) < 0 \therefore f(0.5)f(3.5) < 0$

　　$f(x) = 0$ 在 $(0.5, 3.5)$ 中有 3 個根，$x = 1, 2, 3$

(3) $\because f(0.5) > 0, f(2.5) > 0 \therefore f(0.5)f(2.5) > 0$

　　$f(x) = 0$ 在 $(0.5, 2.5)$ 中有 2 個根，$x = 1, 2$

定理 C （介值定理 Intermediate Value Theorem）：$f(x)$ 在 $[a, b]$ 中為連續，若 L 介於 $f(a), f(b)$ 間，則我們可在 a, b 間找到一點 c 使得 $f(c) = L$。

介值定理有一生活化的例子，例如，某人在上午一大早就開車，若他在 8：00 時之車速為 100km/h，10：00 之車速為 120km/h。那麼某人在 8：

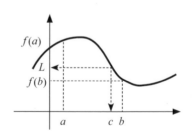

00 至 10：00 時之間一定有某一時點之車速為 112km/h。

隨堂演練 1.7C

請以一個其它生活化的例子說明介值定理。

習題 1.7

1. 求下列各題之不連續點？

(1) $f(x) = \dfrac{1}{(x^2+1)x}$ (2) $f(x) = \dfrac{x^2}{(x+1)(2x+3)}$

(3) $f(x) = \dfrac{x^3}{(x^2+1)(x^2+4)}$ (4) $f(x) = x^2 - 3x + 7$

(5) $f(x) = \begin{cases} x+3 &, x \leq 4 \\ 7.5 &, x > 4 \end{cases}$ (6) $f(x) = \begin{cases} x^2 &, x \leq 4 \\ 3x+1 &, x > 4 \end{cases}$

(7) $f(x) = \begin{cases} x^2+3 &, x \leq 4 \\ 5x-1 &, x > 4 \end{cases}$

2. 試定 k 值以使得 $f(x)$ 為連續函數。

(1) $f(x) = \begin{cases} x^2 - 3x + 1 &, x \geq 1 \\ k &, x < 1 \end{cases}$

(2) $f(x) = \begin{cases} \dfrac{2x^2 - 2}{x+1} &, x \geq -1 \\ k &, x < -1 \end{cases}$

$$(3)\ f(x) = \begin{cases} \dfrac{x^2 - 3x + 2}{x - 1} & , x \geq 1 \\ k & , x < 1 \end{cases}$$

3. 若 $f(x)$ 與 $g(x)$ 在 $x = x_0$ 處為連續，試證 $f(x)g(x)$ 在 $x = x_0$ 處為連續。

4. 若 $|f(x)|$ 在 $x = x_0$ 處為連續，那麼 $f(x)$ 是否在 $x = x_0$ 處為連續？又 $f^2(x)$ 在 $x = x_0$ 處為連續，那麼 $f(x)$ 在 $x = x_0$ 處是否為連續？

解

1. (1) 0　(2) $x = -1, -\dfrac{3}{2}$　(3) 無　(4) 無　(5) $x = 4$　(6) $x = 4$

(7) 無

2. (1) -1　(2) -4　(3) -1

4. 均否，例如 $f(x) = \begin{cases} 1 & , x \geq 0 \\ -1 & , x < 0 \end{cases}$（二子題均適用）。

第**2**章

微分學

2.1 導函數之定義

2.1.1 導函數之定義

學習目標

■ 了解導函數之定義
■ 判斷 $f(x)$ 在 $x = a$ 處之可微分性
■ 理解函數可微分與連續之關係

　　微積分是研究**改變的數學**（Mathematics of Change），而**微分學**（Derivative）是解決函數**變化率**（Rate of Change）的理論與方法，這種方法可通用於速度、加速度、函數圖形之斜率。

 函數 f 之**導函數**記做 f' 或 $\dfrac{d}{dx}y$ 及 $D_x y$ 等，定義為

$$f'(x) = \lim_{h \to 0} \frac{f(x + h) - f(x)}{h} \; ;$$

若上述極限值存在，則稱 $f(x)$ 為**可微分**（Differentiable）。

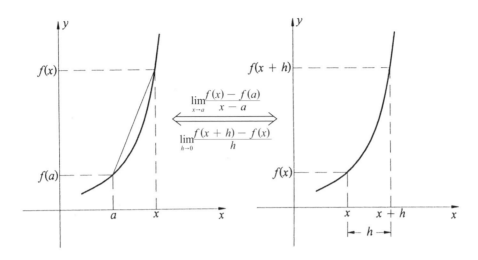

導函數之幾何意義

導函數之幾何意義是給定曲線 $y = f(x)$ 及其割線 L，那麼我們在 $y = f(x)$ 上之任一點 $(x, f(x))$ 不斷向 $(x_0, f(x_0))$ 趨近，若 $\lim\limits_{x \to x_0} f(x) = m$，那麼 m 便為 $y = f(x)$ 在 $(x_0, f(x_0))$ 上之切線斜率（我們將在下章說明曲線之切線）。

導函數與變化率

如果我們將定義稍做改變，即可得到另一個等值之結果：

$$f'(a) = \lim\limits_{h \to 0} \frac{f(a + h) - f(a)}{h} \xrightarrow[(h = x - a)]{x = a + h} \lim\limits_{x \to a} \frac{f(x) - f(a)}{x - a}，因此$$

$\dfrac{\Delta y}{\Delta x}$ 是函數 f 之增量與自變數增量之比，也就是函數 f 之平均變化率，$x \to a$ 表示函數在 $x = a$ 處之**瞬時變化率**（Instaneous Rate of Change）。

例 1. 　用導函數之定義證明：$\dfrac{d}{dx}x^2 = 2x$。

解　
$$f'(x) = \lim_{h \to 0}\dfrac{f(x+h)-f(x)}{h}$$
$$= \lim_{h \to 0}\dfrac{(x+h)^2-x^2}{h}$$
$$= \lim_{h \to 0}\dfrac{2hx+h^2}{h}$$
$$= \lim_{h \to 0}(2x+h) = 2x$$

例 2. 　用導函數之定義求 $\dfrac{d}{dx}\dfrac{1}{x} = ?$

解　
$$f'(x) = \lim_{h \to 0}\dfrac{f(x+h)-f(x)}{h}$$
$$= \lim_{h \to 0}\dfrac{\dfrac{1}{x+h}-\dfrac{1}{x}}{h}$$
$$= \lim_{h \to 0}\dfrac{1}{h}\left(\dfrac{x-(x+h)}{(x+h)x}\right)$$
$$= \lim_{h \to 0}\dfrac{-1}{(x+h)x} = -\dfrac{1}{x^2}$$

> 導函數、導數、微分、可微分函數
> 1. 導函數與導數之英文均是（Derivative），但在中文世界則有二樣情：
>   (1) 導函數和導數統稱導數（包括大陸教材）。
>   (2) 導函數是 x 之函數而導數 $f'(a)$ 是 $f(x)$ 在 $x = a$ 之函數值。
> 2. 微分（Differentiate）則是將 $f(x) \to f'(x)$ 之過程，因此，它是動詞
> 3. 若 $f'(x)$ 存在則稱 $f(x)$ 為可微分或可導，它們英文都是 differentiable，是形容詞。

隨堂演練 2.1A

驗證：$\dfrac{d}{dx}x^3 = 3x^2$。

例 3. 　若 $f(x) = x^2$，求 $f(x)$ 在 $x = 2$ 之導數 $f'(2)$

解　我們可用兩種定義來解：

方法一：$f'(2) = \lim\limits_{h \to 0} \dfrac{f(2+h) - f(2)}{h} = \lim\limits_{h \to 0} \dfrac{(2+h)^2 - 2^2}{h}$

$\qquad\qquad = \lim\limits_{h \to 0} \dfrac{(4 + 4h + h^2) - 4}{h}$

$\qquad\qquad = \lim\limits_{h \to 0}(4 + h) = 4$

方法二：$f'(2) = \lim\limits_{x \to 2} \dfrac{f(x) - f(2)}{x - 2} = \lim\limits_{x \to 2}\dfrac{x^2 - 4}{x - 2} = \lim\limits_{x \to 2}\dfrac{(x-2)(x+2)}{x-2}$

$\qquad\qquad = \lim\limits_{x \to 2}(x + 2) = 4$

例 4. 若 $f(x) = \dfrac{1}{x}$，求 $f(x)$ 在 $x = 1$ 處之導數 $f'(1)$。

解

方法一：$f'(1) = \lim\limits_{h \to 0}\dfrac{f(1+h) - f(1)}{h} = \lim\limits_{h \to 0}\dfrac{\dfrac{1}{1+h} - 1}{h} = \lim\limits_{h \to 0}\dfrac{\dfrac{-h}{1+h}}{h}$

$\qquad\qquad = \lim\limits_{h \to 0}\dfrac{-1}{1+h} = -1$

方法二：$f'(1) = \lim\limits_{x \to 1}\dfrac{f(x) - f(1)}{x - 1} = \lim\limits_{x \to 1}\dfrac{\dfrac{1}{x} - 1}{x - 1} = \lim\limits_{x \to 1}\dfrac{\dfrac{1-x}{x}}{x - 1}$

$\qquad\qquad = -\lim\limits_{x \to 1}\dfrac{1}{x} = -1$

隨堂演練 2.1B

$f(x) = 3x + 5$，驗證 $f'(1) = 3$

　　有一些函數在某點之導數可由定義直接求得，若用後節之定理計算反而不便。

例 5. 若 $f(x) = \dfrac{(x-1)(x^2 + 3x + 1)}{x^2 + 1}$，求 $f'(1)$

解　$f'(1) = \lim\limits_{x \to 1} \dfrac{f(x) - f(1)}{x - 1} = \lim\limits_{x \to 1} \dfrac{\dfrac{(x-1)(x^2 + 3x + 1)}{x^2 + 1} - 0}{x - 1}$

$= \lim\limits_{x \to 1} \dfrac{x^2 + 3x + 1}{x^2 + 1} = \dfrac{5}{2}$

> 細心的讀者或會發現像例 5、6 這類求 $f'(a)$ 之問題都有一個特色就是 $f(a) = 0$

例 6. 若 $f(x) = \dfrac{x^2 - 4}{x(x+1)}$，求 $f'(2)$

解　$f'(2) = \lim\limits_{x \to 2} \dfrac{f(x) - f(2)}{x - 2} = \lim\limits_{x \to 2} \dfrac{\dfrac{(x+2)(x-2)}{x(x+1)} - 0}{x - 2}$

$= \lim\limits_{x \to 2} \dfrac{x + 2}{x(x+1)} = \dfrac{4}{2 \cdot 3} = \dfrac{2}{3}$

隨堂演練 2.1C

驗證：若 $f(x) = \dfrac{x^3 - 1}{x^2 + 1}$，則 $f'(1) = \dfrac{3}{2}$

2.1.2　單邊導函數

　　在判斷分段定義函數在分段點是否可微分時往往需考慮該點之左右導數。

　　我們定義 $y = f(x)$ 之左導函數 $f_+'(x)$ 為

> 導函數或導數是由極限來定義的，因此，對需考慮單邊之極限情形在求導函數或導數時即需考慮單邊導函數或單邊導數。

$$f'_+(x) = \lim_{h \to 0^+} \frac{f(x + h) - f(x)}{h}$$

右導函數 $f'_-(x)$ 為 $f'_-(x) = \lim_{h \to 0^-} \frac{f(x + h) - f(x)}{h}$

當 $f'_+(a) = f'_-(a)$ 時，我們稱 $f(x)$ 在 $x = a$ 處可微分。

例 7. 若 $f(x) = \begin{cases} -x, & x < 0 \\ x^2, & x \geq 0 \end{cases}$ 問 $f(x)$ 在 $x = 0$ 處是否可微分？連續？

解 (a)微分性

$$f'_+(0) = \lim_{x \to 0^+} \frac{f(x) - f(0)}{x - 0}$$
$$= \lim_{x \to 0^+} \frac{x^2 - 0}{x} = 0$$
$$f'_-(0) = \lim_{x \to 0^-} \frac{f(x) - f(0)}{x - 0}$$
$$= \lim_{x \to 0^-} \frac{-x - 0}{x} = -1$$

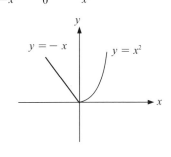

$\because f'_+(0) \neq f'_-(0)$，$\therefore$在 $f(x)$ 在 $x = 0$ 處不可微分

(b)連續性

$$\left.\begin{array}{l} \lim_{x \to 0^+} f(x) = \lim_{x \to 0^+} x^2 = 0 \\ \lim_{x \to 0^-} f(x) = \lim_{x \to 0^-} (-x) = 0 \end{array}\right\} \lim_{x \to 0} f(x) = 0$$

又 $f(0) = 0$，$\lim_{x \to 0} f(x) = f(0)$，$\therefore f(x)$ 在 $x = 0$ 處連續。

隨堂演練 2.1D

$f(x) = \begin{cases} \sqrt{x}, & x \geq 0 \\ x, & x < 0 \end{cases}$ 在 x = 0 處是否可微分？

Ans: 不可微分

2.1.3　函數可微分與連續之關係

　　函數 $f(x)$ 在 $x = x_0$ 之可微分性與連續性的關係如下列定理所述。

定理 A　若 $f(x)$ 在 $x = x_0$ 處可微分則 $f(x)$ 在 $x = x_0$ 處必連續。

證明　取 $f(x) = [\dfrac{f(x) - f(x_0)}{x - x_0}] (x - x_0) + f(x_0)$

則 $\lim\limits_{x \to x_0} f(x) = \lim\limits_{x \to x_0}\left([\dfrac{f(x) - f(x_0)}{x - x_0}] (x - x_0) + f(x_0)\right) = f(x_0)$

$\therefore$ 由函數連續之定義可知 $f(x)$ 在 $x = x_0$ 處為連續。　■

例 8.　若 $f(x) = |x^3|$ 問 $f(x)$ 在 $x = 0$ 是否可微分？連續？

解　(a) 微分性

$$f(x) = |x^3| = \begin{cases} x^3, & x \geq 0 \\ -x^3, & x < 0 \end{cases}$$

$f'_+(0) = \lim\limits_{x \to 0^+} \dfrac{f(x) - f(0)}{x - 0}$

$\qquad = \lim\limits_{x \to 0^+} \dfrac{x^3 - 0}{x} = 0$

$f'_-(0) = \lim\limits_{x \to 0^-} \dfrac{f(x) - f(0)}{x - 0} = \lim\limits_{x \to 0^-} \dfrac{-x^3 - 0}{x} = 0$

$\because f'_+(0) = f'_-(0) = 0$　$\therefore f'(0) = 0$，即 $f(x)$ 在 $x = 0$ 處可微分

(b)連續性

　　因爲 $f(x)$ 在 $x = 0$ 處可微分，由定理 A，$f(x)$ 在 $x = 0$ 處爲連續。

例 9. 判斷 $f(x) = |x|$ 在 $x = 0$ 處是否可微分？

解 ∵ (1) $\displaystyle\lim_{x \to 0^+} \frac{f(x) - f(0)}{x - 0}$

　　$= \displaystyle\lim_{x \to 0^+} \frac{x - 0}{x - 0} = 1$

> 「若函數 $f(x)$ 在 $x = x_0$ 處不可微分，則它在 $x = x_0$ 處未必不連續」。

　(2) $\displaystyle\lim_{x \to 0^-} \frac{f(x) - f(0)}{x - 0}$

　　$= \displaystyle\lim_{x \to 0^-} \frac{-x - 0}{x - 0} = -1$

∴ 由 (1), (2) 知 $f(x) = |x|$ 在 $x = 0$ 處不可微分。

討論

　　$f(x) = |x|$ 在 $x = 0$ 是否連續？

　　Ans. 是

　　例 9 說明了未必所有的連續函數都可微分。

 **習題 2.1**

1. 用定義求出下列各函數之導函數：

　(1) $y = 2x^3$　(2) $y = 2x^3 + x$　(3) $y = \sqrt{x}$　(4) $y = \dfrac{3}{\sqrt{x}}$

2. 求第 1. 題各子題之 $f'(1)$。

3. $f(x) = [x]$，定義 $n + 1 > x \geq n$ 時 $[x] = n$，n 為整數，$x = 3$ 時：

　　(a) $\lim\limits_{h \to 0^+} \dfrac{f(x+h)-f(x)}{h} = ?$　　　　(b) $\lim\limits_{h \to 0^-} \dfrac{f(x+h)-f(x)}{h} = ?$

　　$\therefore f(x)$ 在 $x = 3$ 時（可／不可）微分

4. 若 $f(x) = \dfrac{x(x^2 - 1)}{x^3 + 1}$，求 $(1) f'(0)$　$(2) f'(1)$　$(3) f'(-1)$

5. $f(x) = x \lvert x \rvert$，問 $f(x)$ 在 $x = 0$ 處是否可微分？是否為連續？

解

1. $(1)\, 6x^2$　$(2)\, 6x^2 + 1$　$(3)\, \dfrac{1}{2\sqrt{x}}$　$(4) -\dfrac{3}{2}\dfrac{1}{\sqrt{x^3}}$

2. $(1)\, 6$　$(2)\, 7$　$(3)\, \dfrac{1}{2}$　$(4) -\dfrac{3}{2}$

3. (a) 0　(b) 不存在　(c) 不可微分

4. $(1)\, -1$　$(2)\, 1$　(3) 不存在

5. 可微分且連續

2.2　基本微分公式

學習目標

■基本微分公式之應用

　　本節裡，我們將發展一些基本微分公式，讀者對這些微分公式之導證與應用都應熟稔。

2.2.1 微分之四則公式

定理 A　（微分之四則公式）

1. $\dfrac{d}{dx}(f(x) \pm g(x)) = \dfrac{d}{dx}f(x) \pm \dfrac{d}{dx}g(x)$ 或

   $(f(x) \pm g(x))' = f'(x) \pm g'(x)$

2. $\dfrac{d}{dx}(cf(x) + b) = c\dfrac{d}{dx}f(x)$ 或 $(cf(x) + b)' = cf'(x)$

3. $\dfrac{d}{dx}(f(x) \cdot g(x)) = \left[\dfrac{d}{dx}f(x)\right]g(x) + f(x)\dfrac{d}{dx}g(x)$

   或 $(f(x) \cdot g(x))' = f'(x)g(x) + f(x)g'(x)$

4. $\dfrac{d}{dx}\left(\dfrac{f(x)}{g(x)}\right) = \dfrac{g(x)\dfrac{d}{dx}f(x) - f(x)\dfrac{d}{dx}g(x)}{g^2(x)}$, $g(x) \neq 0$ 或

   $\left(\dfrac{f(x)}{g(x)}\right)' = \dfrac{g(x)f'(x) - f(x)g'(x)}{g^2(x)}$, $g(x) \neq 0$

證明

1. $(f(x) + g(x))' = \lim\limits_{h \to 0}\dfrac{t(x + h) - t(x)}{h}$

   $= \lim\limits_{h \to 0}\dfrac{f(x + h) + g(x + h) - f(x) - g(x)}{h}$

   $= \lim\limits_{h \to 0}\dfrac{f(x + h) - f(x)}{h} + \lim\limits_{h \to 0}\dfrac{g(x + h) - g(x)}{h}$

   $= f'(x) + g'(x)$

2. $(f(x) - g(x))' = t'(x) = \lim\limits_{h \to 0}\dfrac{t(x + h) - t(x)}{h}$

   $= \lim\limits_{h \to 0}\dfrac{[f(x + h) - g(x + h)] - [f(x) - g(x)]}{h}$

$$= \lim_{h \to 0} \frac{[f(x+h) - f(x)] - [g(x+h) - g(x)]}{h}$$

$$= \lim_{h \to 0} \frac{f(x+h) - f(x)}{h} - \lim_{h \to 0} \frac{g(x+h) - g(x)}{h}$$

$$= f'(x) - g'(x)$$

3. $(f(x)g(x))' = \lim_{h \to 0} \dfrac{f(x+h)g(x+h) - f(x)g(x)}{h}$

$$= \lim_{h \to 0} \frac{f(x+h)g(x+h) - f(x+h)g(x) + f(x+h)g(x) - f(x)g(x)}{h}$$

$$= \lim_{h \to 0} f(x+h) \frac{g(x+h) - g(x)}{h} +$$

$$\lim_{h \to 0} g(x) \cdot \frac{f(x+h) - f(x)}{h}$$

$$= \lim_{h \to 0} f(x+h) \cdot \lim_{h \to 0} \frac{g(x+h) - g(x)}{h}$$

$$+ g(x) \lim_{h \to 0} \frac{f(x+h) - f(x)}{h}$$

$$= f(x)g'(x) + f'(x)g(x)$$

4. 令 $t(x) = \dfrac{f(x)}{g(x)}$ 則

$$\left(\frac{f(x)}{g(x)}\right)' = \lim_{h \to 0} \frac{\dfrac{f(x+h)}{g(x+h)} - \dfrac{f(x)}{g(x)}}{h}$$

$$= \lim_{h \to 0} \frac{\dfrac{f(x+h)g(x) - f(x)g(x+h)}{g(x+h)g(x)}}{h}$$

$$= \lim_{h \to 0} \frac{[f(x+h)g(x) - f(x)g(x)] + [f(x)g(x) - f(x)g(x+h)]}{hg(x+h)g(x)}$$

$$= \lim_{h \to 0} \frac{1}{g(x+h)g(x)} \cdot \left[\lim_{h \to 0} \frac{f(x+h)g(x) - f(x)g(x)}{h} \right.$$

$$\left. + \lim_{h \to 0} \frac{f(x)g(x) - f(x)g(x+h)}{h} \right]$$

$$= \frac{1}{g^2(x)} \left[g(x) \lim_{h \to 0} \frac{f(x+h) - f(x)}{h} \right.$$

$$\left. - f(x) \lim_{h \to 0} \frac{g(x+h) - g(x)}{h} \right]$$

$$= \frac{1}{g^2(x)} \left[g(x) f'(x) - f(x) g'(x) \right]$$

$$= \frac{f'(x) g(x) - f(x) g'(x)}{g^2(x)} \qquad \blacksquare$$

推論 A-1

$(1) \dfrac{d}{dx} \left\{ f_1(x) + f_2(x) + \cdots + f_n(x) \right\} = \dfrac{d}{dx} f_1(x) + \dfrac{d}{dx} f_2(x) + \cdots + \dfrac{d}{dx} f_n(x)$

$(2) \dfrac{d}{dx} \left\{ f_1(x) f_2(x) \cdots f_n(x) \right\} = f'_1(x) f_2(x) \cdots f_n(x) +$
$$f_1(x) f'_2(x) \cdots f_n(x) +$$
$$\cdots\cdots\cdots\cdots\cdots\cdots +$$
$$f_1(x) f_2(x) \cdots f'_n(x)$$

證明 在此我們只證 (2) 當 $n = 3$ 之情況：

$$\frac{d}{dx} \left\{ f_1(x) f_2(x) f_3(x) \right\} = \frac{d}{dx} \left\{ \left[f_1(x) f_2(x) \right] f_3(x) \right\}$$

$$= \left\{ \frac{d}{dx} \left[f_1(x) f_2(x) \right] \right\} f_3(x) + f_1(x) f_2(x) \frac{d}{dx} f_3(x)$$

$$= \left\{ \frac{d}{dx} f_1(x) \cdot f_2(x) + f_1(x) \frac{d}{dx} f_2(x) \right\} f_3(x) + f_1(x) f_2(x) f'_3(x)$$

$$= f'_1(x) f_2(x) f_3(x) + f_1(x) f'_2(x) f_3(x) + f_1(x) f_2(x) f'_3(x) \qquad \blacksquare$$

定理 B　$\dfrac{d}{dx}x^n = nx^{n-1}$，$n$ 爲實數。

證明　在此我們只證明 n 爲正整數之情況：

$$f'(x) = \lim_{h \to 0}\frac{f(x+h) - f(x)}{h}$$

$$= \lim_{h \to 0}\frac{(x+h)^n - x^n}{h}$$

$$= \lim_{h \to 0}\frac{\left(x^n + nx^{n-1}h + \dfrac{n(n-1)}{2}x^{n-2}h^2 + \cdots + h^n\right) - x^n}{h}$$

$$= \lim_{h \to 0}\frac{nx^{n-1}h + \dfrac{n(n-1)}{2}x^{n-2}h^2 + \cdots + h^n}{h}$$

$$= \lim_{h \to 0}\left[nx^{n-1} + \dfrac{n(n-1)}{2}x^{n-2}h + \cdots + h^{n-1} \right]$$

$$= \lim_{h \to 0}nx^{n-1} + \lim_{h \to 0}\dfrac{n(n-1)}{2}x^{n-2}h + \cdots + \lim_{h \to 0}h^{n-1}$$

$$= nx^{n-1} \qquad\blacksquare$$

由上述定理可得常數函數之導函數爲 0，即 $\dfrac{d}{dx}(c) = 0$，同時我們也可輕易推得：

$$\frac{d}{dx}(a_n x^n + a_{n-1}x^{n-1} + a_{n-2}x^{n-2} + \cdots + a_1 x + a_0)$$

$$= na_n x^{n-1} + (n-1)a_{n-1}x^{n-2} + (n-2)a_{n-2}x^{n-3} + \cdots + a_1$$

例 1. 求下列各函數之導函數？

(1) $y = x^3$　　(2) $y = \dfrac{1}{x^3}$

(3) $y = \sqrt[3]{x}$　　(4) $y = \dfrac{1}{\sqrt[3]{x}}$

在本例之 (2)，(3)，(4) 子題，如果 y 用指數形式表現在求解過程中將會簡單些。

解　(1) $\dfrac{d}{dx}(x^3) = 3x^{3-1} = 3x^2$

(2) $\dfrac{d}{dx}(\dfrac{1}{x^3}) = \dfrac{d}{dx}(x^{-3}) = -3x^{-3-1} = -3x^{-4}$

(3) $\dfrac{d}{dx}(\sqrt[3]{x}) = \dfrac{d}{dx}(x^{\frac{1}{3}}) = \dfrac{1}{3}x^{\frac{1}{3}-1} = \dfrac{1}{3}x^{-\frac{2}{3}}$

(4) $\dfrac{d}{dx}(\dfrac{1}{\sqrt[3]{x}}) = \dfrac{d}{dx}(x^{-\frac{1}{3}}) = -\dfrac{1}{3}x^{-\frac{1}{3}-1} = -\dfrac{1}{3}x^{-\frac{4}{3}}$

例 2. 若 $y = 5x^3 - 3x^2 + \sqrt{2}x - \sqrt{41}$，求 $y' = ?$

解　$\dfrac{d}{dx}y = \dfrac{d}{dx}(5x^3 - 3x^2 + \sqrt{2}x - \sqrt{41})$

$= \dfrac{d}{dx}(5x^3) + \dfrac{d}{dx}(-3x^2) + \dfrac{d}{dx}(\sqrt{2}x) + \dfrac{d}{dx}(-\sqrt{41})$

$= 15x^2 - 6x + \sqrt{2}$

例 3. 若 $y = \dfrac{x+1}{\sqrt{x}}$，求 $y' = ?$

解　我們可有兩種方法求出本例之 y'：

方法一：$y = \dfrac{x+1}{\sqrt{x}} = (x+1)x^{-\frac{1}{2}} = x^{\frac{1}{2}} + x^{-\frac{1}{2}}$

$\therefore \dfrac{d}{dx}y = \dfrac{d}{dx}(x^{\frac{1}{2}} + x^{-\frac{1}{2}})$

$$=\frac{1}{2}x^{-\frac{1}{2}}-\frac{1}{2}x^{-\frac{3}{2}}=\frac{1}{2\sqrt{x}}-\frac{1}{2\sqrt{x^3}}$$

方法二：（用除法公式）

$$\frac{d}{dx}(\frac{x+1}{\sqrt{x}})$$

$$=\frac{\sqrt{x}\frac{d}{dx}(x+1)-(x+1)\frac{d}{dx}(\sqrt{x})}{(\sqrt{x})^2}$$

$$=\frac{\sqrt{x}\cdot 1-(x+1)\cdot\frac{1}{2\sqrt{x}}}{x}=\frac{2x-(x+1)}{2x\sqrt{x}}$$

$$=\frac{x-1}{2x\sqrt{x}}=\frac{1}{2\sqrt{x}}-\frac{1}{2\sqrt{x^3}}$$

例 4. 求 $\frac{d}{dx}(x^2+3)^2=$?

解
$$\frac{d}{dx}(x^2+3)^2=\frac{d}{dx}(x^4+6x^2+9)$$
$$=\frac{d}{dx}x^4+\frac{d}{dx}(6x^2)+\frac{d}{dx}9$$
$$=4x^3+6\cdot 2x+0$$
$$=4x^3+12x$$

如果例 4. 是求 $\frac{d}{dx}(x^2+3)^{10}$，則例 4 之解法便顯得很沒效率，下節之鏈鎖律提供我們一種更具普遍性而有效的方法。

例 5. 若 $y=(x^2+1)(x^3+1)$，求 $y'=$?

解

方法一 : $y = (x^2 + 1)(x^3 + 1)$

$\qquad = x^5 + x^3 + x^2 + 1$

$\qquad \therefore y' = 5x^4 + 3x^2 + 2x$

方法二 : $\dfrac{d}{dx} y = \dfrac{d}{dx}(x^2 + 1)(x^3 + 1)$

$\qquad = (x^2 + 1)'(x^3 + 1) + (x^2 + 1)(x^3 + 1)'$

$\qquad = 2x(x^3 + 1) + (x^2 + 1)3x^2$

$\qquad = 5x^4 + 3x^2 + 2x$

例 6. 若 $y = \dfrac{x^2}{x^3 + 1}$ ，求 $y' = ?$

解 $\qquad \dfrac{d}{dx} y = \dfrac{d}{dx}\left(\dfrac{x^2}{x^3 + 1}\right)$

$\qquad\qquad = \dfrac{(x^3 + 1)\dfrac{d}{dx}x^2 - x^2 \dfrac{d}{dx}(x^3 + 1)}{(x^3 + 1)^2}$

$\qquad\qquad = \dfrac{(x^3 + 1)2x - x^2 \cdot 3x^2}{(x^3 + 1)^2}$

$\qquad\qquad = \dfrac{-x^4 + 2x}{(x^3 + 1)^2}$

隨堂演練 2.2A

1. $y = (3x^2 + 1)(5x^3 - 1)$ ，求 $y' = ?$

2. $y = \dfrac{x - 1}{x^2 + 1}$ ，求 $y' = ?$

Ans: 1. $75x^4 + 15x^2 - 6x$ 2. $\dfrac{-x^2 + 2x + 1}{(x^2 + 1)^2}$

2.2.2 雜例

例 7. 請導出 $\dfrac{d}{dx}f^2(x)$ 及 $\dfrac{d}{dx}f^3(x)$ 之公式

解   (a) $\dfrac{d}{dx}f^2(x) = \dfrac{d}{dx}[f(x) \cdot f(x)] = f'(x) \cdot f(x) + f(x) \cdot f'(x)$

         $= 2f(x)f'(x)$

   (b) $\dfrac{d}{dx}f^3(x) = \dfrac{d}{dx}[f^2(x) \cdot f(x)] = \left[\dfrac{d}{dx}f^2(x)\right] \cdot f(x) + f^2(x)\dfrac{d}{dx}f(x)$

         $= [2f(x)f'(x)]f(x) + f^2(x)f'(x)$

         $= 3f^2(x)f'(x)$

例 8. 求 $\dfrac{d}{dx}\dfrac{xg(x)}{f(x)}$

解 $\dfrac{d}{dx}\dfrac{xg(x)}{f(x)} = \dfrac{f(x)\dfrac{d}{dx}[xg(x)] - xg(x)\dfrac{d}{dx}f(x)}{f^2(x)}$

         $= \dfrac{f(x)[g(x) + xg'(x)] - xg(x)f'(x)}{f^2(x)}$

         $= \dfrac{f(x)g(x) + x[f(x)g'(x) - f'(x)g(x)]}{f^2(x)}$

習題 2.2

1. 求下列各函數之導函數？

   (1) $y = x^3 - 3x + 1$ (2) $y = \sqrt{2}x^5 - 3x^3 + x + \pi$

   (3) $y = x^{\frac{1}{6}}$ (4) $y = \dfrac{x^2 + x + 1}{\sqrt{x^5}}$

   (5) $y = \dfrac{x - 1}{x + 1}$ (6) $y = \dfrac{x}{(x + 1)^2}$

(7) $y = \dfrac{3}{5x^6}$ 　　　　　　(8) $y = \dfrac{1}{x^3 - 1}$

(9) $y = \dfrac{1}{(x^2 + 1)^2}$ 　　　(10) $y = \dfrac{1}{2x^3 + 1}$

(11) $y = \dfrac{x^2}{x^3 + 1}$ 　　　　(12) $y = \dfrac{2}{x} - \dfrac{3}{x^2}$

(13) $y = (x^2 + 2)(x^3 + 1)$ 　　(14) $y = (2x + 1)(x^2 - 1)$

(15) $y = (1 + 3x)(2x^2 + 1)$ 　　(16) $y = \dfrac{2x + 3}{x^2 + x + 1}$

2. 試證 $\dfrac{d}{dx}\left(\dfrac{1}{g(x)}\right) = -\dfrac{g'(x)}{g^2(x)}$ 。

3. 試導出 $\dfrac{d}{dx}\left(\dfrac{g(x) + h(x)}{f(x)}\right)$ 之公式。

4. 若 $f(3) = g'(3) = 2$，$f'(3) = 0$，$g(3) = 1$

　　求 (1) $(f \cdot g)'(3)$ 　　(2) $\left(\dfrac{g}{f}\right)'(3)$

解

1. (1) $3x^2 - 3$ 　(2) $5\sqrt{2}x^4 - 9x^2 + 1$ 　(3) $\dfrac{1}{6}x^{-\frac{5}{6}}$

　(4) $-\dfrac{1}{2}x^{-\frac{3}{2}} - \dfrac{3}{2}x^{-\frac{5}{2}} - \dfrac{5}{2}x^{-\frac{7}{2}}$ 　(5) $\dfrac{2}{(x + 1)^2}$ 　(6) $\dfrac{1 - x^2}{(x + 1)^3}$

　(7) $-\dfrac{18}{5}x^{-7}$ 　(8) $\dfrac{-3x^2}{(x^3 - 1)^2}$ 　(9) $\dfrac{-4x}{(x^2 + 1)^3}$ 　(10) $\dfrac{-6x^2}{(2x^3 + 1)^2}$

　(11) $\dfrac{-x^4 + 2x}{(x^3 + 1)^2}$ 　(12) $\dfrac{-2}{x^2} + \dfrac{6}{x^3}$ 　(13) $5x^4 + 6x^2 + 2x$

　(14) $6x^2 + 2x - 2$ 　(15) $18x^2 + 4x + 3$ 　(16) $\dfrac{-2x^2 - 6x - 1}{(x^2 + x + 1)^2}$

3. $\dfrac{f(x)\,[g'(x) + h'(x)] - [g(x) + h(x)]\,f'(x)}{f^2(x)}$

4. (1) 4 　(2) 1

2.3 鏈鎖律

學習目標

■ 了解鏈鎖律之計算

如果我們要求 $y = (x^2 + 3x + 1)^2$ 之導函數，或許可將它展開，利用上節之定理求解，但若是 $y = (x^2 + 3x + 1)^{50}$，這樣做就不勝其擾，因此我們必須尋找一些簡便方法，**鏈鎖律**（Chain Rule）即為我們提供了好方法。

定理 A　f, g 為 x 之可微分函數，$\dfrac{d}{dx} f(g(x)) = f'(g(x)) g'(x)$。

證明　我們取 $y = f(u), u = g(x)$，並假設 ⑴ g 在 x 處可微分且 ⑵ f 在 $u = g(x)$ 處可微分

$$\therefore \frac{d}{dx} f(g(x)) = \frac{dy}{dx} = \lim_{\triangle x \to 0} \frac{\triangle y}{\triangle x}$$

$$= \lim_{\triangle x \to 0} \frac{\triangle y}{\triangle u} \lim_{\triangle x \to 0} \frac{\triangle u}{\triangle x}$$

$$= \lim_{\triangle u \to 0} \frac{\triangle y}{\triangle u} \lim_{\triangle x \to 0} \frac{\triangle u}{\triangle x}$$

$$= \frac{dy}{du} \cdot \frac{du}{dx}$$

若用 $y = f(u), u = g(x)$ 則上述定理可寫成 $D_x y = D_u y D_x u$。

我們也可將鏈鎖律推廣到三個函數合成，以及更一般化之情形。若 f, g, h 為三個可微分函數則：

$$\frac{d}{dx} f(g(h(x))) = f'(g(h(x))) g'(h(x)) h'(x)。$$

下列定理是有關冪次之鏈鎖律（The Chain Rule for Powers）。

定理 B

$f(x)$ 為一可微分函數，p 為任一實數，則

$$\frac{d}{dx}(f(x))^p = p(f(x))^{p-1}\frac{d}{dx}f(x)$$

例 1. (a) 若 $y = (x^2 + 1)^5$，求 $y' = ?$ (b) 若 $y = (x^3 + x + 1)^5$，求 $y' = ?$

解 (a) $\dfrac{d}{dx}(x^2 + 1)^5$

$= 5(x^2 + 1)^4 \cdot \dfrac{d}{dx}(x^2 + 1)$

$= 5(x^2 + 1)^4 \cdot 2x = 10x(x^2 + 1)^4$

(b) $\dfrac{d}{dx}(x^3 + x + 1)^5$

$= 5(x^3 + x + 1)^4 \cdot \dfrac{d}{dx}(x^3 + x + 1)$

$= 5(x^3 + x + 1)^4 \cdot (3x^2 + 1)$

例 2. 若 $y = \dfrac{1}{2x^3 + 1}$，求 $y' = ?$（請與上節習題第 1 大題第 10 小題作比較）

解　$y = \dfrac{1}{2x^3 + 1} = (2x^3 + 1)^{-1}$

$\therefore \dfrac{d}{dx} y = \dfrac{d}{dx} (2x^3 + 1)^{-1}$

$\qquad = - (2x^3 + 1)^{-2} \cdot \dfrac{d}{dx} (2x^3 + 1)$

$\qquad = - 6x^2 (2x^3 + 1)^{-2}$

例 3.　若 $y = \dfrac{x^2}{x^3 + 1}$，求 $y' = ?$（請與上節例 6. 作比較）

解　$y = \dfrac{x^2}{x^3 + 1} = x^2 (x^3 + 1)^{-1}$

$\dfrac{d}{dx} y = \dfrac{d}{dx} (x^2 (x^3 + 1)^{-1})$

$\qquad = (\dfrac{d}{dx} x^2) (x^3 + 1)^{-1} + x^2 \dfrac{d}{dx} (x^3 + 1)^{-1}$

$\qquad = 2x (x^3 + 1)^{-1} + x^2 [- (x^3 + 1)^{-2} \dfrac{d}{dx} (x^3 + 1)]$

$\qquad = \dfrac{2x}{x^3 + 1} - \dfrac{x^2}{(x^3 + 1)^2} \cdot 3x^2$

$\qquad = \dfrac{2x (x^3 + 1) - 3x^4}{(x^3 + 1)^2}$

$\qquad = \dfrac{- x^4 + 2x}{(x^3 + 1)^2}$

例 4.　$y = \sqrt[3]{(x^2 + x + 1)^2}$，求 $y' = ?$

解　$y = \sqrt[3]{(x^2 + x + 1)^2} = (x^2 + x + 1)^{\frac{2}{3}}$

$\therefore \dfrac{d}{dx} y = \dfrac{d}{dx} [(x^2 + x + 1)^{\frac{2}{3}}]$

$\qquad = \dfrac{2}{3} (x^2 + x + 1)^{-\frac{1}{3}} \dfrac{d}{dx} (x^2 + x + 1)$

> 在求根式函數之導函數時，將函數化成指數形式，可能較便於運算。

$$= \frac{2}{3}(x^2 + x + 1)^{-\frac{1}{3}}(2x + 1)$$

(隨)(堂)(演)(練) 2.3A

若 $f(x) = (3x^2 + 5x + 1)$，求下列各小題之結果？

(1) $\frac{d}{dx}f^3(x)$　(2) $\frac{d}{dx}\sqrt{f(x)}$　(3) $\frac{d}{dx}[f(x) + x]^{\frac{1}{3}}$

Ans: (1) $3(3x^2 + 5x + 1)^2(6x + 5)$

(2) $\frac{1}{2}(3x^2 + 5x + 1)^{-\frac{1}{2}}(6x + 5)$

(3) $\frac{1}{3}(3x^2 + 6x + 1)^{-\frac{2}{3}}(6x + 6)$

$= 2(x + 1)(3x^2 + 6x + 1)^{-\frac{2}{3}}$

例 5. $y = f(g(x^2))$，求 $y' = ?$

解　　$\frac{d}{dx}y = \frac{d}{dx}f(g(x^2))$

$= f'(g(x^2)) \cdot g'(x^2) \cdot 2x$

習題 2.3

試微分下列各題：

1. $f(x) = (1 + x^2)^{32}$
2. $f(x) = (1 + x^4)^8$
3. $f(x) = \sqrt[3]{1 + x^7}$
4. $f(x) = (1 + x + x^2 + x^3)^{15}$

5. $f(x) = (\dfrac{x^2}{x^3 + 1})^4$

6. $f(x) = \sqrt{\dfrac{4x^2 - 2}{3x + 4}}$

7. $f(x) = \dfrac{1}{\sqrt[3]{1 + x + x^3}}$

8. $f(x) = x^3(1 + 2x^3)^5$

9. $f(x) = (1 + x^{\frac{1}{3}})^{12}$

10. $f(x) = \sqrt[3]{1 + \sqrt[5]{x}}$

11. $f(x) = \sqrt[3]{1 + \sqrt{g(x)}}$，設 g 為可微分函數

12. $f(x) = g(x + h(x^3))$，設 g, h 為可微分函數

解

1. $64x(1 + x^2)^{31}$

2. $32x^3(1 + x^4)^7$

3. $\dfrac{7}{3}x^6(1 + x^7)^{-\frac{2}{3}}$

4. $15(1 + x + x^2 + x^3)^{14}(1 + 2x + 3x^2)$

5. $4\left(\dfrac{x^2}{x^3 + 1}\right)^3\dfrac{(-x^4 + 2x)}{(x^3 + 1)^2}$

6. $\dfrac{1}{2}\left(\dfrac{4x^2 - 2}{3x + 4}\right)^{-\frac{1}{2}}\left(\dfrac{12x^2 + 32x + 6}{(3x + 4)^2}\right)$

7. $-\dfrac{1}{3}(1 + x + x^3)^{-\frac{4}{3}}(1 + 3x^2)$

8. $3x^2(1 + 2x^3)^5 + 30x^5(1 + 2x^3)^4$

9. $4(1 + \sqrt[3]{x})^{11} \cdot x^{-\frac{2}{3}}$

10. $\dfrac{1}{15}(1 + x^{\frac{1}{5}})^{-\frac{2}{3}} \cdot x^{-\frac{4}{5}}$

11. $\dfrac{1}{6}(1 + g^{\frac{1}{2}}(x))^{-\frac{2}{3}} \cdot g^{-\frac{1}{2}}(x) \cdot g'(x)$

12. $g'(x + h(x^3))(1 + 3x^2h'(x^3))$

2.4　反函數及其微分法

學習目標

■ 反函數存在之判斷與解法

■ 函數 $f(x)$ 與 $f^{-1}(x)$（若存在）對稱 $y = x$

■ 反函數在 $x = a$ 處之導數

2.4.1　一對一函數

在談到反函數（Inverse Function）前，我們先定義一個名詞：一對一函數（One-to-One Function）。

 $f : A \to B$ 為由 A 映至 B 之一個函數，對 A 中任意二個元素 x_1, x_2 而言，若 $x_1 \neq x_2$ 時恆有 $f(x_1) \neq f(x_2)$，則稱函數 f 為一對一函數。

因為邏輯命題：「若 A 則 B」與「若非 B 則非 A」同義，因此上述定義中之「若 $x_1 \neq x_2$ 時恆有 $f(x_1) \neq f(x_2)$」，這個敘述常被「若 $f(x_1) = f(x_2)$ 時恆有 $x_1 = x_2$」所取代，因為用後者來判斷一對一函數較前者為容易。微分法是更為簡便的方法，因為 $f(x)$ 在區間 I 中為嚴格增（減）函數，則 $f(x)$ 在 I 中必為一對一函

數（詳 4.3 節）。

例 1. 判斷 $f(x) = x^3 + 1$，$x \in R$ 是否為一對一函數？

解　設 $f(x_1) = f(x_2)$，則

$x_1^3 + 1 = x_2^3 + 1$　$\therefore x_1^3 - x_2^3 = 0$

$\Rightarrow (x_1 - x_2)(x_1^2 + x_1 x_2 + x_2^2) = 0$

$\because x_1^2 + x_1 x_2 + x_2^2 \neq 0$　$\therefore x_1 = x_2$

由定義知 $f(x) = x^3 + 1$ 為一對一函數（見圖 (a)）

例 2. 判斷 $y = x^2$，$x \in R$ 是否為一對一函數？

解　設 $f(x_1) = f(x_2)$，則

$x_1^2 = x_2^2$　$\because (x_1 - x_2)(x_1 + x_2) = 0$ 得 $x_1 = x_2$ 或 $x_1 = -x_2$

$\therefore f(x) = x^2$ 不為一對一函數（見圖 (b)）

　　$y = f(x)$ 為一函數，我們在值域內自 y 軸畫水平線，若每一水平線只交圖形於一點時，則 $y = f(x)$ 為一對一函數。因此，例 2. 若限制 $x \geq 0$，則 $f(x) = x^2$ 便為一對一函數。（見圖 (c)）

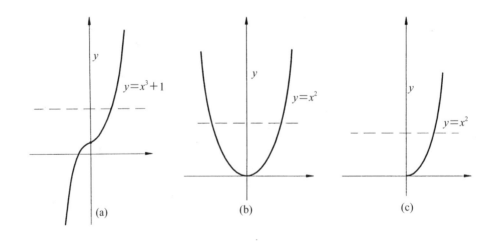

隨堂演練 2.4A

下圖是否為一個一對一函數之圖形？

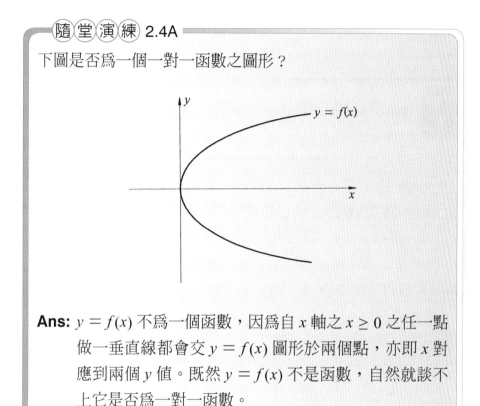

Ans: $y = f(x)$ 不為一個函數，因為自 x 軸之 $x \geq 0$ 之任一點
做一垂直線都會交 $y = f(x)$ 圖形於兩個點，亦即 x 對
應到兩個 y 值。既然 $y = f(x)$ 不是函數，自然就談不
上它是否為一對一函數。

2.4.2 反函數

定義 f, g 為兩函數，若 $f(g(x)) = x$ 且 $g(f(x)) = x$，則 f, g 互為
反函數，習慣上 f 之反函數以 f^{-1} 表之。

若 f^{-1} 為 f 之反函數，對所有 f 定義域中之 x，$f^{-1}(f(x)) = x$
均成立且 $f^{-1}(f(y)) = y$，對所有在值域之 y 亦成立。同時我們也

可推知 f 之定義域即爲 $f-1$ 之值域，$f-1$ 之定義域亦爲 f 之值域。

 定理 A 　若 f 在區間 I 中爲一對一函數，則 f 在 I 中有反函數。

根據定義與定理 A，若 f 有反函數存在，則 $f^{-1}(x)$ 求法是：以 x 爲未知數，y 爲已知數，解方程式 $y = f(x)$ 即可得 $x = f^{-1}(y)$，再令 $y = f^{-1}(x)$ 即可。

例3. 若 $f(x) = 3x + 1$，問 $f(x)$ 是否有反函數？若有其反函數爲何？

解　(a) 若 $f(x_1) = f(x_2)$ 則 $3x_1 + 1 = 3x_2 + 1$，$\therefore x_1 = x_2$

即 $y = f(x) = 3x + 1$ 爲一對一函數，

$\therefore f(x)$ 之反函數存在。

(b) 令 $y = 3x + 1$ 則 $x = \dfrac{y-1}{3}$

即 $f^{-1}(x) = \dfrac{x-1}{3}$

我們可證明 $g(x) = \dfrac{x-1}{3}$ 爲 $f(x) = 3x + 1$ 之反函數：

$g(f(x)) = g(3x + 1) = \dfrac{(3x+1)-1}{3} = x$

$f(g(x)) = 3g(x) + 1 = 3 \cdot \dfrac{x-1}{3} + 1 = x$

$\because g(f(x)) = f(g(x))$

$\therefore g(x) = \dfrac{x-1}{3}$ 是 $f(x) = 3x + 1$ 之反函數

例 4. 求 $y = x^3$ 之反函數？

解 ∵ $y = x^3$ 是一個一對一函數，有反函數（讀者可驗證）

∴ $x = \sqrt[3]{y}$

即 $f^{-1}(x) = \sqrt[3]{x}$

因此 $g(x) = \sqrt[3]{x}$ 是 $f(x) = x^3$ 之反函數

我們可驗證如下：

$f(g(x)) = f(\sqrt[3]{x}) = (\sqrt[3]{x})^3 = x$

$g(f(x)) = g(x^3) = \sqrt[3]{x^3} = x$

∴ $g(x) = \sqrt[3]{x}$ 是 $f(x) = x^3$ 之反函數。

例 5. 求 $y = 2x^3 + 5$ 之反函數？

解 ∵ $y = 2x^3 + 5$（讀者可驗證 $y = 2x^3 + 5$ 是一個一對一函數，有反函數）

∴ $2x^3 = y - 5$，$x^3 = \dfrac{y-5}{2}$ 得 $x = \sqrt[3]{\dfrac{y-5}{2}}$

即 $f^{-1}(x) = \sqrt[3]{\dfrac{x-5}{2}}$

隨堂演練 2.4B

1. 求 $f(x) = x^5 + 2$ 之反函數，並驗證之。

2. 求 $f(x) = 3x^5 - 2$ 之反函數，並驗證之。

Ans: 1. $\sqrt[5]{x-2}$　2. $\sqrt[5]{\dfrac{x+2}{3}}$

2.4.2　反函數之幾何意義

| 定理 B | 若 $y = f(x)$ 有一反函數 $y = f^{-1}(x)$，則 $y = f(x)$ 與 $y = f^{-1}(x)$ 二圖形對稱於直線 $y = x$。 |

| 證明 | 若 (a, b) 在 f 之圖形上。$b = f(a)$　$\therefore a = f^{-1}(b)$，即 $(b, f^{-1}(b)) = (b, a)$ 在 f^{-1} 之圖上，(a, b) 與 (b, a) 對稱 $y = x$，$\therefore f(x)$ 與 $f^{-1}(x)$ 之圖形亦對稱於 $y = x$　∎ |

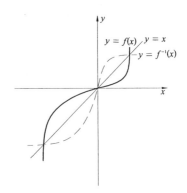

| 例 6. | 由例 4 知 $y = x^3$ 之反函數為 $y = \sqrt[3]{x}$ $\therefore y = x^3$ 之圖形與 $y = \sqrt[3]{x}$ 之圖形對稱於 $y = x$，例 6 也解釋成與 $y = x^3$ 圖形對稱於 $y = x$ 之函數圖形即為 $y = \sqrt[3]{x}$。 |

習題 2.4

1. 求下列函數之反函數？

　(1) $y = 3x + 5$　(2) $y = \sqrt[3]{x}$　(3) $y = \sqrt[3]{x + 1}$　(4) $y = x^5 + 1$

　（假定已知上列函數之反函數均存在）

2. 試繪 $x > 0$ 時 $y = x^2$ 與 $y = \sqrt{x}$ 之圖形於同一圖中。它們是否對稱於 $y = x$？

3. 說明何以下列函數均為一對一函數？

    (1) $y = 2x + 3$ (2) $y = 2x^3 + 5$

解

1. (1) $f^{-1}(x) = \dfrac{x-5}{3}$ (2) $f^{-1}(x) = x^3$（請與例 5 作一比較）

   (3) $f^{-1}(x) = x^3 - 1$ (4) $f^{-1}(x) = \sqrt[5]{x-1}$

2. 是

2.5　指數與對數函數微分法

學習目標

■ e 之定義及基本性質

■ $y = e^{u(x)}$ 之微分

■ $y = \ln u(x)$ 之微分

■ $y = \ln u(x)$ 之微分應用。

2.5.1　e 是什麼

    e 在微積分扮演著極其重要地位，因此本節先從「e」開始。

定義　$\lim\limits_{n\to\infty}(1+\dfrac{1}{n})^n = e$

由數值方法可推得 e 的值近似於 $2.71828\cdots\cdots$，e 是一個超越數（我們以前學過的圓周率 π 也是一個超越數）。我們將以數值的方法說明：

n	1	2	4	5	10	100
$(1+\dfrac{1}{n})^n$	2	2.25	2.441	2.448	2.594	2.705$\cdots\cdots$

顯然，當 n 越來越大時，$(1+\dfrac{1}{n})^n \to 2.71828\cdots\cdots$

因此，e 和 π 一樣都是**超越數**（Transcendental Number），$e \approx 2.71828\cdots$，當然，e 也是實數。

例 1.　求 $(1)\lim\limits_{n\to\infty}(1+\dfrac{1}{n})^{3n} = ?$　$(2)\lim\limits_{n\to\infty}(1+\dfrac{1}{n})^{\frac{n}{2}} = ?$

解　$(1)\lim\limits_{n\to\infty}(1+\dfrac{1}{n})^{3n} = \lim\limits_{n\to\infty}\left[(1+\dfrac{1}{n})^n\right]^3 = \left[\lim\limits_{n\to\infty}(1+\dfrac{1}{n})^n\right]^3$

$\qquad = e^3$

$\qquad (2)\lim\limits_{n\to\infty}(1+\dfrac{1}{n})^{n/2} = \lim\limits_{n\to\infty}\left[(1+\dfrac{1}{n})^n\right]^{\frac{1}{2}} = \left[\lim\limits_{n\to\infty}(1+\dfrac{1}{n})^n\right]^{\frac{1}{2}}$

$\qquad = e^{\frac{1}{2}}$

例 2.　求 $(1)\lim\limits_{n\to\infty}(1+\dfrac{1}{n})^{-n} = ?$　$(2)\lim\limits_{n\to\infty}(1+\dfrac{1}{n})^{-3n} = ?$

解　(1) 取 $\lim\limits_{n\to\infty}(1+\dfrac{1}{n})^{-n} = \left[\lim\limits_{n\to\infty}(1+\dfrac{1}{n})^n\right]^{-1} = e^{-1}$

$$(2)\lim_{n\to\infty}(1+\frac{1}{n})^{-3n}=[\lim_{n\to\infty}(1+\frac{1}{n})^n]^{-3}=e^{-3}$$

隨堂演練 2.5A

1. 求 $\lim_{x\to\infty}(1+\frac{1}{x})^{x/4}=$?

2. 求 $\lim_{x\to\infty}(1+\frac{1}{x})^{3x}=$?

Ans: 1. $\sqrt[4]{e}$　　2. e^3

例 3. 用 e^x 之定義求 $\lim_{x\to\infty}\left(1+\frac{2}{x}\right)^{3x}$

解　$e^x=\lim_{x\to\infty}\left(1+\frac{1}{x}\right)^x$，因此要解 $\lim_{x\to\infty}\left(1+\frac{2}{x}\right)^{3x}$，就需應用變數

變換：

$$\lim_{x\to\infty}\left(1+\frac{2}{x}\right)^{3x}\xlongequal{y=\frac{x}{2}}\lim_{y\to\infty}\left(1+\frac{2}{2y}\right)^{3\cdot 2y}=\lim_{y\to\infty}\left(1+\frac{1}{y}\right)^{6y}$$

$$=\lim_{y\to\infty}\left[\left(1+\frac{1}{y}\right)^y\right]^6=e^6$$

例 4. 用 e^x 之定義，求 $\lim_{x\to 0^+}(1+2x)^{\frac{1}{3x}}$

解　$$\lim_{x\to 0^+}(1+2x)^{\frac{1}{3x}}\xlongequal{y=\frac{1}{2x}}\lim_{y\to\infty}\left(1+\frac{1}{y}\right)^{\frac{2}{3}y}=\left[\lim_{y\to\infty}\left(1+\frac{1}{y}\right)^y\right]^{\frac{2}{3}}$$

$$=e^{\frac{2}{3}}$$

2.5.2　自然指數函數與自然對數

自然指數函數

e^x 稱為自然指數函數（Natural Exponential Function），e 為實數，所以 e^x 保有 a^x 之所有性質，由 e^x 之定義我們可得 $e^0 = 1$，$e^{a+b} = e^a \cdot e^b$，$e^{a-b} = e^a/e^b$，$(e^m)^n = e^{mn}$ 等一些在初等代數中我們所熟悉的結果。

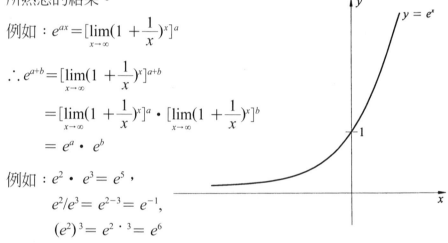

例如：$e^{ax} = [\lim_{x \to \infty}(1 + \dfrac{1}{x})^x]^a$

$\therefore e^{a+b} = [\lim_{x \to \infty}(1 + \dfrac{1}{x})^x]^{a+b}$

$\qquad = [\lim_{x \to \infty}(1 + \dfrac{1}{x})^x]^a \cdot [\lim_{x \to \infty}(1 + \dfrac{1}{x})^x]^b$

$\qquad = e^a \cdot e^b$

例如：$e^2 \cdot e^3 = e^5$，

$\qquad e^2/e^3 = e^{2-3} = e^{-1}$，

$\qquad (e^2)^3 = e^{2 \cdot 3} = e^6$

例5. (a) $\lim_{x \to 0^+} e^{\frac{1}{x}} = \infty$，(b) $\lim_{x \to 0^-} e^{\frac{1}{x}} = 0$，

(c) $\lim_{x \to -\infty} e^{\frac{1}{x}} = 0$，(d) $\lim_{x \to \infty} e^{\frac{1}{x}} = 1$

自然對數函數（Natural Logarithm Function），是以 e 為底的對數函數，通常以 lnx 表之，其中 $x > 0$（亦即 $log_e x = lnx$）那麼自然對數函數也可視為我們熟知之對數函數的一個特例。因此它

自然有下列結果：

1. lnx 只當 $x > 0$ 時有意義，

2. $ln1 = 0$，

3. $lne = 1$，

4. $\lim\limits_{x \to \infty} lnx = \infty, \ \lim\limits_{x \to 0^+} lnx = -\infty$。

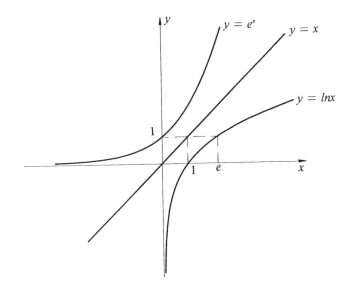

    $y = lnx$ 與 $y = e^x$ 互為反函數，因此，這兩個圖形對稱於 $y = x$。同時更重要的是：$e^{lnx} = \ln e^x = x$，$x > 0$

    此外，ln 保有 log 函數之所有之性質，諸如：(1) $lnx + lny = lnxy, x > 0, y > 0$；(2) $lnx^r = rlnx, x > 0$；(3) $lnx - lny = ln\dfrac{x}{y}$, $x > 0, y > 0$；(4) $e^{lnx} = x$, $x > 0$ ……，其中 (4) 是一個重要但卻經常被忽視之性質。我們證明一些自然對數函數之基本性質：

■ $lnx + lny = lnxy, x > 0, y > 0$

利用 $y = lnx$ 與 $y = e^x$ 互為反函數之性質，我們有

$e^{lnx} = x$ 從而 $e^{lnxy} = xy$ (1)

及 $e^{lnx+lny} = e^{lnx}e^{lny} = xy$ (2)

比較 (1)、(2) 得：$e^{lnxy} = e^{lnx+lny}$

$\therefore lnxy = lnx + lny$ ■

■（自然對數換底公式）$log_a x = \dfrac{lnx}{lna}$, $a > 0, x > 0$

令 $y = log_a x$ 則有

$a^y = x$ (1)

兩邊取自然對數：$lna^y = lnx$

即 $ylna = lnx$

$$y = \frac{lnx}{lna}$$ (2)

由 (1)、(2) $log_a x = \dfrac{lnx}{lna}$ ■

例 6. 若 $logx = e^2$，求 $x = ?$ $lnx = ?$

解 $\because logx = e^2$，$\therefore x = 10^{e^2}$ 及

       $lnx = e^2 ln10$

隨堂演練 2.5B

(a) 若 $lnx = e^2$，求 $x = ?$ (b) 若 $3^{2x} = e^3$，試求 $x = ?$

Ans: (a) $x = e^{e^2}$ (b) $\dfrac{3}{2 ln3}$

2.5.3 e^x 之微分公式

為了導出定理 A，我們先證下列引理：

引理 $\displaystyle\lim_{x \to 0}\frac{\ln(1+x)}{x} = 1$

證明 $\displaystyle\lim_{x \to 0}\frac{\ln(1+x)}{x} = \lim_{x \to 0}\ln(1+x)^{\frac{1}{x}} \xlongequal{y=\frac{1}{x}} \lim_{y \to \infty}\ln\left(1+\frac{1}{y}\right)^y$

$\displaystyle = \ln\lim_{y \to \infty}\left(1+\frac{1}{y}\right)^y = \ln e = 1$ ∎

定理 A $\displaystyle\frac{d}{dx}e^x = e^x$。

證明 $\displaystyle\frac{d}{dx}e^x = \lim_{h \to 0}\frac{e^{(x+h)}-e^x}{h} = e^x\lim_{h \to 0}\frac{e^h-1}{h}$

$\displaystyle\xlongequal[(h=\ln(1+y))]{y=e^h-1} e^x\lim_{y \to 0}\frac{y}{\ln(1+y)} = e^x\lim_{y \to 0}\frac{1}{\ln(1+y)/y} = e^x$ ∎

推論 A1 若 $u(x)$ 為 x 之可微分函數，由鏈鎖律得

$\displaystyle\frac{d}{dx}e^{u(x)} = u'(x)\,e^{u(x)}$。

例 7. $\displaystyle\frac{d}{dx}e^{x^2} = ?$

解　　$\dfrac{d}{dx}e^{x^2} = e^{x^2} \cdot \dfrac{d}{dx}x^2 = e^{x^2} \cdot 2x$

定理 B　$\dfrac{x}{dx}a^x = (\ln a)a^x$，$a > 0$

證明　$a^x = e^{\ln a^x} = e^{x\ln a}$

由推論 A1

$\dfrac{d}{dx}a^x = \dfrac{d}{dx}e^{x\ln a} = \ln a\, e^{x\ln a} = \ln a\, e^{\ln a^x} = (\ln a)a^x$　　■

推論 B1　$a > 0$，$u(x)$ 是 x 之可微分函數則

$\dfrac{d}{dx}a^{u(x)} = (\ln a)a^{u(x)}\dfrac{d}{dx}u(x)$　　■

證明　由定理 B 及鏈鎖律即得　　■

例 8.　$\dfrac{d}{dx}3^{x^2 + 2x - 3}$

解　　$\dfrac{d}{dx}3^{x^2 + 2x - 3} = (3^{x^2 + 2x - 3})(2x + 2)\ln 3$

隨堂演練 2.5C

驗證 $\dfrac{d}{dx}e^{x^3} = 3x^2 e^{x^3}$。

2.5.4　自然對數函數之微分公式

定理
C
$$\frac{d}{dx} lnx = \frac{1}{x}, \ x > 0 \text{。}$$

證明　$\because x = e^{\ln x}$，二邊同時對 x 微分得：

$$1 = \left(\frac{d}{dx}\ln x\right) \cdot e^{\ln x} = \left(\frac{d}{dx}\ln x\right)x$$

$$\therefore \frac{d}{dx}\ln x = \frac{1}{x}$$

推論
C1
$u(x)$ 是 x 可微分函數則

$$\frac{d}{dx}e^{u(x)} = e^{u(x)}\frac{d}{dx}u$$

　　由鏈鎖律：$\dfrac{d}{dx}lnu(x) = \dfrac{u'(x)}{u(x)}, \ u(x) > 0$。在求自然對數函數之導函數時，我們通常假設該函數是有意義的，即 $u(x) > 0$。

例 9.　求 $\dfrac{d}{dx}(lnx)^3 = ?$

解　$\dfrac{d}{dx}(lnx)^3 = 3(lnx)^2 \cdot \dfrac{d}{dx}lnx = 3(lnx)^2 \cdot \dfrac{1}{x}$

例 10.　$\dfrac{d}{dx}\dfrac{lnx}{x} = ?$

解　$\dfrac{d}{dx}\dfrac{lnx}{x} = \dfrac{x\dfrac{d}{dx}lnx - (lnx)\dfrac{d}{dx}x}{x^2} = \dfrac{x \cdot \dfrac{1}{x} - lnx}{x^2} = \dfrac{1 - lnx}{x^2}$

例 11. 若 $y = x\ln(x^2+1)$，求 $y' = ?$

解 $y' = \ln(x^2+1) + x \cdot \dfrac{2x}{x^2+1} = \ln(x^2+1) + \dfrac{2x^2}{x^2+1}$

例 12. 若 $y = \log_3(1+x^2)$，求 $y' = ?$

$$\boxed{\begin{array}{l} \log_a x，a>0，x>0 \\ = \dfrac{\ln x}{\ln a} \end{array}}$$

解 $y = \log_3(1+x^2) = \dfrac{\ln(1+x^2)}{\ln 3}$

$\therefore y' = \dfrac{1}{\ln 3} \cdot \dfrac{2x}{1+x^2}$

隨堂演練 2.5D

1. 若 $y = \ln(1+x+x^2)^3$，求 $y' = ?$
2. 若 $y = x\ln x$，求 $y' = ?$

Ans: 1. $\dfrac{3(2x+1)}{1+x+x^2}$ 2. $(\ln x) + 1$

2.5.5 自然對數函數之應用

應用一：連乘除式函數之導函數

例 13. 若 $y = \dfrac{(x^2+1)(x^3-x+1)}{(x^4+x^2+1)^2}$，求 $y' = ?$

解 $\ln y = \ln\dfrac{(x^2+1)(x^3-x+1)}{(x^4+x^2+1)^2}$

$= \ln(x^2+1) + \ln(x^3-x+1) - \ln(x^4+x^2+1)^2$

兩邊同時對 x 微分：

$$y' = \frac{2x}{x^2+1} + \frac{3x^2-1}{x^3-x+1} - \frac{2(4x^3+2x)}{x^4+x^2+1}$$

$$\therefore y' = y\left(\frac{2x}{x^2+1} + \frac{3x^2-1}{x^3-x+1} - \frac{2(4x^3+2x)}{x^4+x^2+1}\right)$$

$$= \frac{(x^2+1)(x^3-x+1)}{(x^4+x^2+1)^2}\left(\frac{2x}{x^2+1} + \frac{3x^2-1}{x^3-x+1} - \frac{8x^3+4x}{x^4+x^2+1}\right)$$

例 14. 求 $\dfrac{d}{dx}\dfrac{x}{x^2+1} = ?$

解

方法一：用除法公式可得 $\dfrac{d}{dx}\dfrac{x}{x^2+1} = \dfrac{(x^2+1)\dfrac{dx}{dx} - x\dfrac{d}{dx}(x^2+1)}{(x^2+1)^2}$

$$= \frac{x^2+1 - x\cdot 2x}{(x^2+1)^2} = \frac{1-x^2}{(x^2+1)^2}$$

方法二：利用自然對數函數公式

$$y = \frac{x}{x^2+1}, \quad \ln y = \ln x - \ln(x^2+1)$$

兩邊同時對 x 微分

$$\frac{y'}{y} = \frac{1}{x} - \frac{2x}{x^2+1}$$

$$\therefore y' = y\left(\frac{1}{x} - \frac{2x}{x^2+1}\right)$$

$$= \frac{x}{x^2+1}\left(\frac{1}{x} - \frac{2x}{x^2+1}\right)$$

$$= \frac{1}{x^2+1} - \frac{2x^2}{(x^2+1)^2} = \frac{1-x^2}{(x^2+1)^2}$$

應用二：指數部分爲 x 之函數的導函數

例 15. 求 $\dfrac{d}{dx}10^{x^2} = ?$

解 令 $y = 10^{x^2}$

則 $\ln y = x^2 \cdot \ln 10 = (\ln 10)\,x^2$

兩邊同時對 x 微分：

$\dfrac{y'}{y} = (\ln 10) \cdot 2x$

$\therefore y' = y\,[\,(\ln 10)\,2x\,] = 10^{x^2} \cdot 2x \ln 10$

例 16. 求 $\dfrac{d}{dx}x^x = ?$

解 令 $y = x^x$

則 $\ln y = x \ln x$

兩邊同時對 x 微分得：

$\dfrac{y'}{y} = \ln x + x \cdot \dfrac{d}{dx}\ln x = \ln x + x \cdot \dfrac{1}{x} = 1 + \ln x$

$\therefore y' = y\,(1 + \ln x) = x^x\,(1 + \ln x)$

 習題 2.5

1. 試微分下列各題：

(1) $y = \ln(1 + e^{2x})$ (2) $y = e^{\ln x}$

(3) $y = \ln(1 + xe^{3x})$ (4) $y = e^{\ln(1+x^4)}$

(5) $y = x^2 \ln x$ (6) $y = 3^{x^2}$

(7) $y = \ln(\ln x)$ (8) $y = 5^{\sqrt{x}}$

2. 試微分下列各題：

(1) $y = (x^2 + 1)^2 (x^3 + 1)^3 (x^4 + 1)^4$

(2) $y = (3x + 1)(2x + 1)x^4$

(3) $y = \ln(x + \sqrt{x^2 + 9})$

(4) $y = x^2 + 2^{x^2}$

(5) $y = \log x$

3. 試用 e 之定義證 $e^{a-b} = e^a / e^b$

解

1. (1) $\dfrac{2e^{2x}}{1 + e^{2x}}$ (2) 1   (3) $\dfrac{e^{3x} + 3xe^{3x}}{1 + xe^{3x}}$ (4) $4x^3$

(5) $x + 2x \ln|x|$ (6) $2x \cdot 3^{x^2} \ln 3$ (7) $\dfrac{1}{x \ln|x|}$ (8) $\dfrac{5^{\sqrt{x}}}{2\sqrt{x}} \ln 5$

2. (1) $(x^2 + 1)^2 (x^3 + 1)^3 (x^4 + 1)^4 \left[\dfrac{4x}{x^2 + 1} + \dfrac{9x^2}{x^3 + 1} + \dfrac{16x^3}{x^4 + 1} \right]$

(2) $(3x + 1)(2x + 1)x^4 \left[\dfrac{3}{3x + 1} + \dfrac{2}{2x + 1} + \dfrac{4}{x} \right]$

(3) $\dfrac{1}{\sqrt{x^2 + 9}}$

(4) $2x + 2^{x^2} \cdot 2x \cdot \ln 2$

(5) $\dfrac{1}{\ln 10} \cdot \dfrac{1}{x}$

2.6　隱函數微分法

學習目標

■ 了解什麼是顯函數，什麼是隱函數
■ 熟悉隱函數微分

　　前幾節我們討論之函數均為 $y = f(x)$ 之形式，如 $y = x^2 + 1$，$y = \dfrac{x}{x^2 + 1}$，我們稱這種函數形式為**顯函數**（Explicit Functions），另一種函數是 $f(x, y) = 0$ 稱為**隱函數**（Implicit Functions），隱函數中有的可化成顯函數，如 $2x + 3y = 0$，有的無法或不易化成顯函數，如 $x^2 + xy^3 + y^4 - 9 = 0$。

　　本節討論隱函數 $f(x, y) = 0$ 之 $\dfrac{dy}{dx}$ 的求法。作法上，**我們假設 y 是 x 之可微分函數，解出 $\dfrac{dy}{dx}$。**

例 1. 若 $x^2 - y^2 = 9$，求 $\dfrac{dy}{dx}\bigg]_{(5, 4)}$，$\dfrac{dy}{dx}\bigg]_{(3, 0)}$

解　$2x - 2yy' = 0$

$$\therefore y' = \frac{x}{y}\bigg]_{(5, 4)} = \frac{5}{4}$$

$$y' = \frac{x}{y}\bigg]_{(3, 0)} = \frac{3}{0} \ （不存在）$$

例2. 若 $x^2 y = 4$，求 $\dfrac{dy}{dx}\Big]_{(2,1)}$，$xy^2 = 4$，求 $\dfrac{dy}{dx}\Big]_{(1,2)}$

解　(1) $2xy + x^2 y' = 0$

$$\therefore \frac{dy}{dx}\Big]_{(2,1)} = -\frac{2xy}{x^2}\Big]_{(2,1)}$$

$$= -\frac{2 \cdot 2 \cdot 1}{4} = -1$$

(2) $y^2 + x(2yy') = 0$

$$\therefore \frac{dy}{dx}\Big]_{(1,2)} = -\frac{y^2}{2xy}\Big]_{(1,2)} = \frac{-2^2}{2 \cdot 1 \cdot 2} = -1$$

例3. $xy = 1$，用隱函數微分法求 $\dfrac{dy}{dx}\Big]_{x=2}$

解　$xy = 1$，$y + xy' = 0$ 得 $y' = -\dfrac{y}{x}$，又 $x = 2$ 時，$y = \dfrac{1}{2}$

$$\therefore \frac{dy}{dx}\Big]_{x=2} = -\frac{\dfrac{1}{2}}{2} = -\frac{1}{4}$$

別解　$y = \dfrac{1}{x}$，$y' = -\dfrac{1}{x^2}$ $\quad \therefore \dfrac{dy}{dx}\Big]_{x=2} = -\dfrac{1}{4}$

例4. 若 $x^2 + xy + y^2 = 1$，求 $\dfrac{dy}{dx} = ?$

解　若 $x^2 + xy + y^2 = 1$

$$\therefore 2x + y + xy' + 2yy' = 0$$

$$(2x + y) + (x + 2y)y' = 0$$

$$\therefore y' = \frac{-(2x + y)}{x + 2y}，x + 2y \neq 0$$

隨堂演練 2.6A

驗證 $x^2 + y^2 = 4$，則 $\dfrac{dy}{dx}\Big]_{x=1,y=\sqrt{3}} = -\dfrac{\sqrt{3}}{3}$

例 5. 若 $f(x)g(y) = c$，求 $\dfrac{dy}{dx}$

解 $f(x)g(y) = c$

$\therefore f'(x)g(y) + f(x)g'(y)y' = 0$

得 $y' = \dfrac{-f'(x)g(y)}{f(x)g'(y)}$，$f(x)g'(y) \neq 0$

例 6. $x^2 + y^2 = 25$，求 $\dfrac{dx}{dy}\Big]_{(3,-4)}$

解 本題是求 $\dfrac{dx}{dy}$ 而不是 $\dfrac{dy}{dx}$，我們可假設 x 是 y 的可微分函數：

$2x \cdot \dfrac{dx}{dy} + 2y = 0$，$\therefore \dfrac{dx}{dy}\Big]_{(3,-4)} = -\dfrac{y}{x}\Big]_{(3,-4)} = -\dfrac{-4}{3} = \dfrac{4}{3}$

習題 2.6

1. 求下列各題之 $\dfrac{dy}{dx}$

(1) $x^2 - 3xy + y^2 = 4$　　(2) $x^2 + xy + y^2 = 1$

(3) $x^3y^2 = 4$　　(4) $x^2 - 3y^2 = 8$

2. 求下列各題之 $\dfrac{dx}{dy}$

(1) $x^2 - y^2 = 9$ (2) $x^2 y = 4$

(3) $x^2 + xy + y^2 = 1$ (4) $x^3 y^2 = 4$

3. (1) 若 $(x + y)^5 = 2x$，求 $\dfrac{dy}{dx}$

(2) $xy^2 - 3xy + x - 4 = 0$，求 $\dfrac{dy}{dx}\Big|_{(4,\,3)}$

(3) $xy + lny = 1$ 在 $(1, 1)$ 處之切線方程式

(4) 若 $\sqrt{x} + \sqrt{y} = 1$，$x > 0$，$y > 0$，求 $\dfrac{dy}{dx}$

解

1. (1) $\dfrac{2x - 3y}{3x - 2y}$ (2) $-\dfrac{2x + y}{x + 2y}$

(3) $\dfrac{-3y}{2x}$ (4) $\dfrac{x}{3y}$

2. (1) $\dfrac{y}{x}$ (2) $\dfrac{-x}{2y}$ (3) $-\dfrac{x + 2y}{2x + y}$ (4) $-\dfrac{2x}{3y}$

3. (1) $\dfrac{2}{5(x + y)^4} - 1$ (2) $-\dfrac{1}{12}$ (3) $x + 2y = 3$ (4) $-\dfrac{\sqrt{y}}{\sqrt{x}}$

2.7 高階導函數

2.7.1 基本高階導函數求法

f為一可微分函數，則我們可求出其導函數f'，若f'亦為一可微分函數，我們可再求出其導函數，我們用f''表所求之結果，並稱為f之二階導函數，而稱f'為一階導函數，如此便可反覆求f之三階導函數f'''，以此推類，除了用f', f''……表示各階導函數外，還有一些別的常用之表示法，為了便於讀者適應這些不同之常用高階導函數表示法，在此我們將一些常用之高階導函數之符號表示法，表列如下：

階次				
一階	y'	f'	$\dfrac{dy}{dx}$	$D_x y$
二階	y''	f''	$\dfrac{d^2 y}{dx^2}$	$D_x^2 y$
三階	y'''	f'''	$\dfrac{d^3 y}{dx^3}$	$D_x^3 y$
四階	$y^{(4)}$	$f^{(4)}$	$\dfrac{d^4 y}{dx^4}$	$D_x^4 y$
五階	$y^{(5)}$	$f^{(5)}$	$\dfrac{d^5 y}{dx^5}$	$D_x^5 y$
…	…	…	…	…
n階	$y^{(n)}$	$f^{(n)}$	$\dfrac{d^n y}{dx^n}$	$D_x^n y$

我們將舉一些例子說明高階導函數之求法技巧。

例 1. 若 $y = x^3 - 4x^2 + 3x - 5$，求 $y', y'', y''', y^{(4)}$ 及 $y^{(5)} = ?$

解 $y' = 3x^2 - 8x + 3$

$y'' = 6x - 8$

$y''' = 6$

$y^{(4)} = 0$

$y^{(5)} = 0$

例 2. 若 $y = x^8$，求 $y', y'', y''', y^{(4)} = ?$

解 $y = x^8$

$\therefore y' = 8x^7$

$y'' = 8 \cdot 7x^6 \ (= 56x^6)$

$y''' = 8 \cdot 7 \cdot 6x^5 \ (= 336x^5)$

$y^{(4)} = 8 \cdot 7 \cdot 6 \cdot 5x^4 \ (= 1680x^4)$

> 讀者在求高階導函數時應掌握到一些規則性，例如冪次之改變，係數連乘積之關係，正負性之變化規則等。

例 3. 若 $y = x^{-8}$ 求 y'，y''，y''' 及 $y^{(4)}$

解 $y = x^{-8}$

$\therefore y = -8x^{-9}$

$y'' = (-8)(-9)x^{-10} = (-1)^2 8 \cdot 9 x^{-10}$

$y''' = (-8)(-9)(-10)x^{-11} = (-1)^3 8 \cdot 9 \cdot 10 x^{-11}$

$y^{(4)} = (-8)(-9)(-10)(-11)x^{-12} = (-1)^4 8 \cdot 9 \cdot 10 \cdot 11 x^{-12}$

例 4. $y = \dfrac{1}{x}$, $x \neq 0$，求 $y^{(n)} = ?$

解　　$y = \dfrac{1}{x} = x^{-1}$

$\therefore y' = (-1)x^{-2} = (-1) \cdot 1 \cdot x^{-2}$

$\quad y'' = (-1)(-2)x^{-3} = (-1)^2 2!\, x^{-3}$

$\quad y''' = (-1)(-2)(-3)x^{-4} = (-1)^3 3!\, x^{-4}$

$\quad\cdots\cdots\cdots$

$\therefore y^{(n)} = (-1)^n n!\, x^{-(n+1)}$

如果 $y = lnx$ 時又如何？

$y = lnx$

$\therefore y' = x^{-1} = x^{-1}$

$\quad y'' = (-1)x^{-2} = (-1)1!\, x^{-2}$

$\quad y''' = (-1)[(-2)x^{-3}] = (-1)^2 2!\, x^{-3}$

$\quad y^{(4)} = (-1)(-2)[(-3)x^{-4}] = (-1)^3 3!\, x^{-4}$

$\quad\cdots\cdots\cdots$

$\therefore y^{(n)} = (-1)^{n-1}(n-1)!\, x^{-n}$

例5.　若 $y = \dfrac{1}{1+x}$ ，求 $y^{(32)}$

解　　有分式之題目，如果能化成指數形式將會比較好做，在本題 $y = \dfrac{1}{1+x} = (1+x)^{-1}$ ，現在要求 $y^{(32)}$ ，當然不可能一直微 32 次，我們只要做出幾項便可看出端倪：

$y = \dfrac{1}{1+x} = (1+x)^{-1}$

$y' = -(1+x)^{-2} \qquad\qquad = (-1)1!(1+x)^{-2}$

$y'' = (-1)(-2)(1+x)^{-3} \qquad = (-1)^2 2!(1+x)^{-3}$

$y''' = (-1)(-2)(-3)(1+x)^{-4} \qquad = (-1)^3 3!(1+x)^{-4}$

如此規則性便自然浮出　∴$y^{(32)}=(-1)^{32}32!(1+x)^{-33}=32!(1+x)^{-33}$

在例 2～5，我們還可有一個經驗就是在求高階導函數時千萬不要把結果用一個數字帶過，而掩滅了它的規則性，如例 5，如果你寫 $y'=-(1+x)^{-2}$，$y'=2(1+x)^{-3}$，$y'''=-6(1+x)^{-4}\cdots$，這樣就很難猜出它的規則性。這是我們一再強調的。

例 6. 若 $y=\dfrac{1}{(1+2x)^2}$，求 $y^{(32)}$

解　$y=\dfrac{1}{(1+2x)^2}=(1+2x)^{-2}$

$y'=-2(1+2x)^{-3}\cdot2$　　　　　$=(-1)2(1+2x)^{-3}\cdot2$

$y''=(-2)(-3)(1+2x)^{-4}2^2$　　$=(-1)^2 2\cdot3(1+2x)^{-4}\cdot2^2$

$y'''=(-2)(-3)(-4)(1+2x)^{-5}2^3$　$=(-1)^3\cdot2\cdot3\cdot4(1+2x)^{-5}2^3$

$\vdots$

$\therefore y^{(32)}=(-1)^{32}33!(1+2x)^{-34}2^{32}=33!(1+2x)^{-34}2^{32}$

隨堂演練 2.7A

若 $y=x^{50}$，求 $y^{(32)}$

Ans: $y^{(32)}=50\cdot49\cdots19x^{18}$

求與 $y=\dfrac{1}{ax+b}=(ax+b)^{-1}$ 有關之 n 階導函數是一常見之問題，讀者不妨將結果記一下：

$y'=(-1)a(ax+b)^{-2}$

$$y''=(-1)(-2)a^2(ax+b)^{-3}=(-1)^2 2!a^2(ax+b)^{-3}$$

……

$$y^{(n)}=(-1)^n n!\, a^n(ax+b)^{-n-1}$$

例7. $y=\dfrac{1}{(x+1)(x+2)}$，求 $y^{(n)}$

> (1) 一個常用之 **n** 階導函數公式
> $$\dfrac{d^n}{dx^n}\dfrac{1}{ax+b}$$
> $$=(-1)^n n!\, a^n(ax+b)^{-n-1}$$
> (2) 求分式之 n 階導函數時，部分分式是必要的。

解　$y=\dfrac{1}{(x+1)(x+2)}$

$\qquad =\dfrac{1}{x+1}-\dfrac{1}{x+2}$

$\therefore y^{(n)}=(-1)^n n!(x+1)^{-n-1}-(-1)^n n!(x+2)^{-n-1}$

$\qquad =(-1)^n n!\left(\dfrac{1}{(x+1)^{n+1}}-\dfrac{1}{(x+2)^{n+1}}\right)$

2.7.2　高階隱函數微分法

隱函數之高階導函數之解法，在技巧中一如顯函數，先求出 y' 再由 y' 導出 $y''\cdots$，在求 y'' 之過程中的 y' 部分，用剛求出之代入即可。

例8. $x^2+y^2=r^2$，求 $\dfrac{d^2y}{dx^2}=?$

解　$x^2+y^2=r^2$

$\qquad 2x+2yy'=0$

$\qquad \therefore y'=-\dfrac{x}{y}$ 　　　　　　　　　　(1)

$$y'' = \frac{d}{dx}(\frac{d}{dx}y) = \frac{d}{dx}(-\frac{x}{y})$$

$$= -\frac{y\frac{d}{dx}x - x\frac{d}{dx}y}{y^2}$$

$$\underset{\frac{d}{dx}y = -\frac{x}{y}}{=\!=\!=\!=} -\frac{y - x(-\frac{x}{y})}{y^2}$$

$$= -\frac{y + \frac{x^2}{y}}{y^2} = -\frac{y^2 + x^2}{y^3} = -\frac{r^2}{y^3}$$

（利用 $x^2 + y^2 = r^2$），$y \neq 0$

例9. $xy^3 = 9$，求 $y'' = ?$

解 $xy^3 = 9$

$y^3 + 3xy^2y' = 0$

$$\therefore y' = -\frac{y^3}{3xy^2} = -\frac{y}{3x}$$

$$y'' = \frac{d}{dx}y' = -\frac{x\frac{dy}{dx} - y \cdot 1}{3x^2}$$

$$\underset{\frac{d}{dx}y = -\frac{y}{3x}}{=\!=\!=\!=} -\frac{x(-\frac{y}{3x}) - y}{3x^2} = \frac{4y}{9x^2}，x \neq 0$$

隨堂演練 2.7B

若 $x^2 + y^2 = 4$ 驗證 $\dfrac{d^2y}{dx^2} = -\dfrac{4}{y^3}$

習題 2.7

1. 若 $y = x^{43}$，求 (1) $y^{(30)}(1) = ?$ (2) $y^{(43)}(2) = ?$ (3) $y^{(44)}(1) = ?$

2. 求：

(1) $\dfrac{d^{10}}{dx^{10}}(x^9 - 7x^3 + 2x + 1)$

(2) $\dfrac{d^8}{dx^8}(x^7 + 5x^3 - 2)$

(3) $\dfrac{d^6}{dx^6}(x^6 - 7x^5 + 4x^3 + 1)$

(4) $\dfrac{d^8}{dx^8}(\dfrac{1}{8}x^8 + \dfrac{1}{7}x^7 - \dfrac{1}{6}x^6 + 4x - 5)$

3. 若 $y = x^4 + x^2 + 1$，求 $y', y'', \cdots, y^{(5)} = ?$

4. 若 $y = \dfrac{1}{x + 2}$，求 (1) $f^{(20)}(0) = ?$ (2) $f^{(n)}(0) = ?$

5. $y = f(x)g(x)$，求 $y'' = ?$

6. 若 $y = \dfrac{x + 1}{2x + 3}$，試證 $\dfrac{y'''}{y'} = \dfrac{3}{2}\ (\dfrac{y''}{y'})^2$。

7. 求下列隱函數之 y''？

(1) $x^3 - y^3 = 10$，求 $y'' = ?$

(2) $x^3 + y^3 = xy$，求 $y'' \rfloor_{(\frac{1}{2}, \frac{1}{2})}$

8. $y = x^2 g(x)$　求 (1) y'　(2) y''

9. 計算：

(1) $y = \dfrac{1}{(2x - 1)(2x + 1)}$，求 $y^{(n)}$

(2) $y = \dfrac{3x + 2}{(x + 1)(2x + 1)}$，求 $y^{(n)}$

(3) $y = \dfrac{1-x}{1+x}$ ，求 $y^{(n)}$

解

1. (1) $43 \cdot 42 \cdot \cdots \cdot 14$ (2) $43!$ (3) 0

2. (1) 0 (2) 0 (3) $6!$ (4) $7!$

3. $y' = 4x^3 + 2x, y'' = 12x^2 + 2$, $y''' = 24x, y^{(4)} = 24, y^{(5)} = 0$

4. (1) $\dfrac{20!}{2^{21}}$ (2) $\dfrac{(-1)^n n!}{2^{n+1}}$

5. $f''g + 2f'g' + fg''$

6. 提示：$y = \dfrac{x+1}{2x+3} = \dfrac{1}{2} + \dfrac{-\dfrac{1}{2}}{2x+3}$

7. (1) $-\dfrac{20x}{y^5}$ (2) 32

8. (1) $2xg(x) + x^2 g'(x)$ (2) $x^2 g''(x) + 4xg'(x) + 2g(x)$

9. (1) $(-1)^n n! \, 2^{n-1} \left(\dfrac{1}{(2x-1)^{n+1}} - \dfrac{1}{(2x+1)^{n+1}} \right)$

   (2) $(-1)^n n! \left(\dfrac{1}{(x+1)^{n+1}} + 2^n \dfrac{1}{(2x+1)^{n+1}} \right)$

   (3) $2 \left(\dfrac{(-1)^n n!}{(1+x)^{n+1}} \right)$

第 **3** 章

微分學之應用

3.1　切線方程式

學習目標

■ 應用第二章所學的方法，求曲線之斜率函數，切線方程式與
　法線方程式。

3.1.1　一次函數（復習）

　　切線（Tangent line）是一條直線，因此，我們先就直線或一
次函數做一複習。

　　直線方程式 $y = a + bx$（其中 a、b 均為常數）在經濟或工
程中都常被應用到。

斜率

　　在非垂直 x 軸之直線方程式上任取二點 (x_1, y_1)、(x_2, y_2) 則定
義它的斜率（Slope）m 為：$m = \dfrac{\Delta y}{\Delta x} = \dfrac{y_2 - y_1}{x_2 - x_1}$，$x_2 \neq x_1$。

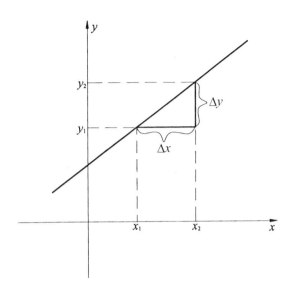

例 1. 求過 $(2, -1), (3, 0)$ 之直線的斜率為何？

解 $m = \dfrac{\Delta y}{\Delta x} = \dfrac{y_2 - y_1}{x_2 - x_1} = \dfrac{0 - (-1)}{3 - 2} = 1$

例 2. 問 $y = 2$ 與 $x = 3$ 之斜率各為何？

解 (1) $y = 2$ 之斜率：我們在 $y = 2$ 上任取二個相異點 $(a, 2)$ 與 $(b, 2)$ 則可計算出斜率

$m = \dfrac{y_2 - y_1}{x_2 - x_1} = \dfrac{2 - 2}{b - a} = 0$

(2) $x = 3$ 之斜率：我們在 $x = 3$ 上任取二個相異點 $(3, a)$ 與 $(3, b)$ 則可計算出斜率

$m = \dfrac{y_2 - y_1}{x_2 - x_1} = \dfrac{b - a}{3 - 3}$，$\therefore$ 斜率不存在

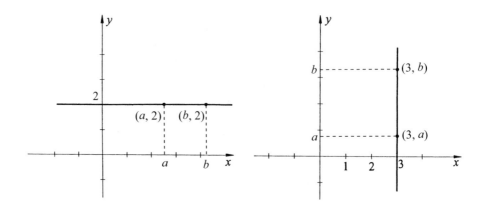

一條非鉛直線之直線方程式上之斜率只有一個。由例 2. 可知鉛直線之斜率不存在，水平直線之斜率必爲 0。直線之斜率若存在則必爲一。

斜率之正負號與其絕對值大小可顯示出直線之方向與陡峭程度。

例3. 一直線如右圖，問 ℓ 斜率爲正還是負？

解　$m = \dfrac{\Delta y}{\Delta x}$

　　　$= \dfrac{y_0 - y_1}{x_0 - x_1} < 0$（$\because y_0 - y_1 > 0, x_0 - x_1 < 0$）

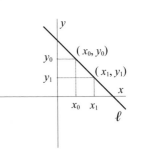

隨堂演練 3.1A

問右圖 ℓ 斜率爲正還是負？

Ans: 正。

直線方程式之決定

常見之直線方程式決定之方式有：

點斜式

點斜式（Point-Slope Form）：給定直線之斜率 m，及一點 (x_0, y_0)，則此直線方程式爲 $y - y_0 = m(x - x_0)$。

關於此點，說明如下：對直線上任一點 (x, y) 與給定之 (x_0, y_0)，$\dfrac{y - y_0}{x - x_0} = m$，$\therefore y - y_0 = m(x - x_0)$。

例 4. 一直線通過 $(2, 1)$ 且斜率爲 2，則此直線方程式爲何？

解 $y - 1 = 2(x - 2)$，即 $y - 2x = -3$ 是爲所求

斜截式

若直線之斜率爲 m，且 y 軸之截距爲 b（此相當於過點 $(0, b)$），則其方程式爲：

$y - b = m(x - 0)$ $\therefore y = mx + b$。

此即**斜截式**（Slope-Intercept Form），它可視爲點斜式的一個特例。

例 5. 求⑴過 $(0, 3)$ 且斜率爲 -2 之直線方程式？⑵問 $(-1, 5)$ 是否在此直線上？⑶試繪此直線。

解 (1) 利用斜截式：$y = mx + b$，
其中 $m = -2, b = 3$
$\therefore y = -2x + 3$ 是爲所求

(2) 代 $x = -1$ 入 $y = -2x + 3$
得 $y = -2(-1) + 3 = 5$
$\therefore (-1, 5)$ 在此直線上

(3)

x	0	-1
y	3	5

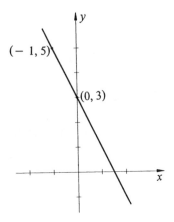

例 6. 求過 $(x_0, y_0), (x_1, y_1)$ 之直線方程式，但 $x_0 \neq x_1$。

解 過 $(x_0, y_0), (x_1, y_1)$ 之直線斜率爲 $m = \dfrac{y_1 - y_0}{x_1 - x_0}$

此相當於是求過 (x_0, y_0) 且斜率 $m = \dfrac{y_1 - y_0}{x_1 - x_0}$ 之直線方程式：

$$\frac{y - y_0}{x - x_0} = \frac{y_1 - y_0}{x_1 - x_0} \tag{1}$$

或相當於求過 (x_1, y_1) 且斜率 $m = \dfrac{y_1 - y_0}{x_1 - x_0}$ 之直線方程式：

$$\frac{y - y_1}{x - x_1} = \frac{y_1 - y_0}{x_1 - x_0} \tag{2}$$

讀者可自行驗證 (1)、(2) 相等。例 6 也稱爲兩點式。

例 7. 求過 $(1, -3), (-2, -9)$ 之直線方程式？

解 $\dfrac{y - (-3)}{x - 1} = \dfrac{(-3) - (-9)}{1 - (-2)} = 2$

$\therefore y + 3 = 2(x - 1)$

即 $y = 2x - 5$

或 $\dfrac{y - (-9)}{x - (-2)} = \dfrac{(-3) - (-9)}{1 - (-2)} = 2$

$\therefore y + 9 = 2(x + 2)$

即 $y = 2x - 5$

例 8. 試證過 $(0, a)$, $(b, 0)$ 之直線方程式為 $\dfrac{x}{b} + \dfrac{y}{a} = 1$，$a \neq 0$，$b \neq 0$。

解　$\dfrac{y - a}{x - 0} = \dfrac{a - 0}{0 - (b)}$

$-by + ab = ax$ 即 $ax + by = ab$

$\therefore \dfrac{x}{b} + \dfrac{y}{a} = 1$

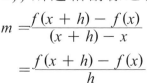隨堂演練 3.1B

1. 求過 $(1, 3)$、$(-1, -1)$ 之直線方程式？
2. 攝氏溫度℃與華氏溫度℉間有一直線關係，若已知
　$0℃ = 32℉$，$100℃ = 212℉$，求此直線方程式？

Ans: 1. $y = 2x + 1$　2. $F° = \dfrac{9}{5}℃ + 32°$

3.1.2　切線斜率

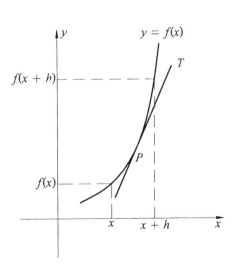

如右圖，若我們在 $y = f(x)$ 之曲線上任取二點，$(x, f(x))$ 及 $(x + h, f(x + h))$ 所連結割線之斜率為：

$m = \dfrac{f(x + h) - f(x)}{(x + h) - x}$

$\quad = \dfrac{f(x + h) - f(x)}{h}$

　　若 $h \to 0$ 時，割線與 $y = f(x)$ 之圖形將只交於一點 P（讀者應嘗試自己用筆畫一畫），P 點即為切點，這點之斜率即為切線 T 在點 P 之斜率，因此 $y = f(x)$ 上之一點 $(c, f(c))$ 之切線斜率為

$$f'(c) = \lim_{x \to c} \frac{f(x) - f(c)}{x - c}。$$

　　法線是與切線相垂直之直線，因此，$y = f(x)$ 在 $(c, f(c))$ 之切線率為 $f'(c)$ 時（$f'(c) \neq 0$），其法線斜率為 $\dfrac{-1}{f'(c)}$。

例9. 在 $y = x^2$ 上任取一點 $(2, 4)$，求過 $(2, 4)$ 之切線斜率為何？並利用此結果求過 $(2, 4)$ 之切線方程式及法線方程式。

解　　過 $(2, f(2))$ 之切線斜率為：

$$\because f'(x) = 2x \quad f'(2) = 4$$

過 $(2, 4)$ 之切線方程式為：

$$\frac{y - 4}{x - 2} = 4，即 y - 4 = 4(x - 2)，或 y - 4x = -4$$

過 $(2, 4)$ 之法線方程式為：

$$\frac{y - 4}{x - 2} = -\frac{1}{4}，即 -4y + 16 = x - 2，或 x + 4y = 18$$

例10. 求過 $y = \dfrac{1}{x}$ 上一點 $(2, \dfrac{1}{2})$ 之切線方程式及法線方程式。

解　　過 $(2, f(2))$ 之切線斜率為：

$$\because f'(x) = -\frac{1}{x^2}，\therefore f'(2) = -\frac{1}{4}$$

過 $(2, \dfrac{1}{2})$ 之切線方程式為：

$$\frac{y - \dfrac{1}{2}}{x - 2} = -\frac{1}{4}，即 -4y + 2 = x - 2，或 x + 4y = 4$$

過 $(2, \frac{1}{2})$ 之法線方程式為：

$$\frac{y - \frac{1}{2}}{x - 2} = 4 \text{，即 } y - \frac{1}{2} = 4x - 8 \text{，或 } y - 4x = -\frac{15}{2}$$

(隨)(堂)(演)(練) 3.1C

求過 $y = x^2$ 上一點 $(-1, 1)$ 之切線方程式 T 與法線方程式 N，並繪其圖。

Ans: $T : y = -2x - 1$，$N : x - 2y = -3$

例 11. $x^2 + y^2 = 25$，求過 $(3, 4)$ 之切線方程式？

解 $x^2 + y^2 = 25$，二邊對 x 微分得：

$2x + 2y \cdot y' = 0$，$\therefore y' = -\frac{x}{y}$

$\therefore x^2 + y^2 = 25$ 在 $(3, 4)$ 之切線斜率為 $m = -\frac{3}{4}$

$\therefore$ 過 $(3, 4)$ 之切線方程式為

$$\frac{y - 4}{x - 3} = -\frac{3}{4} \text{，} \therefore 4y - 16 = -3x + 9$$

即 $4y + 3x = 25$

例 12. 求過 $xy = 2$ 上一點 $(1, 2)$ 之切線方程式？

解

方法一：先求過 $xy = 2$ 之點 $(1, 2)$ 切線方程式之斜率：

$xy = 2$，二邊對 x 微分得：

$$y + xy' = 0 \quad \therefore y']_{(1,2)} = -\frac{y}{x}]_{(1,2)} = -\frac{2}{1} = -2$$

因此，切線方程式爲

$$\frac{y-2}{x-1} = -2$$

化簡得：

$$y = -2x + 4$$

方法二：$y = \dfrac{2}{x} = 2x^{-1}$

$$\therefore y' = -2x^{-2}, \ y'\mid_{x=1} = -2x^{-2}\mid_{x=1} = -2$$

得切線方程式

$$\frac{y-2}{x-1} = -2 \ , \ \text{即} \ y = -2x + 4$$

例 13. 問 $y = x^3 - 6x^2 + 12x + 2$ 之曲線上何處有水平切線？

解 水平切線之斜率爲 0，因此我們找出 $f'(x) = 0$ 即可

$$f'(x) = 3x^2 - 12x + 12 = 3(x^2 - 4x + 4) = 3(x-2)^2$$

$$\therefore y = x^3 - 6x^2 + 12x + 2 \ \text{在} \ x = 2 \ \text{處有水平切線，}$$

$$y = f(2) = 10$$

得 $y = x^3 - 6x^2 + 12x + 2$ 在 $(2, 10)$ 處有水平切線 $y = 10$

隨堂演練 3.1D

驗證 $xy^3 = 8$ 上一點 $(1, 2)$ 之切線方程式爲 $2x + 3y = 8$

習題 3.1

1. 可不可能有二條直線恰好有 2 個交點？

2. $3x + 2y = 6$ 與 x, y 軸所夾區域的面積為何？

3. 求

   (1) 過 $(1, -2)$ 及 $(2, 3)$ 之直線方程式，又 $(3, 7)$ 是否在此直線上？

   (2) 過 $(1, -2)$ 之斜率為 0 之直線方程式？

   (3) 過 $(1, -2)$ 但斜率不存在之直線方程式。

   (4) 過 $(0, 3)$，$(5, 0)$ 之直線方程式與兩軸所夾之面積。

4. 求滿足下列條件之方程式：

   (1) 過 $y = x^2$ 上一點 $(1, 1)$ 之切線方程式與法線方程式。

   (2) 過 $y = x^2 + 1$ 上一點 $(-1, 2)$ 之切線方程式與法線方程式。

   (3) 過 $y = \dfrac{1}{x^2}$ 上一點 $(-3, \dfrac{1}{9})$ 之切線方程式與法線方程式。

5. 求滿足下列條件之方程式：

   (1) $x^3 - 3xy^2 + y^3 = 1$ 在點 $(2, -1)$ 之切線方程式與法線方程式

   (2) $xy(x^2 + y^2) = 10$ 在點 $(2, 1)$ 之切線方程式與法線方程式

解

1. 不可能

2. 3

3. (1) $y = 5x - 7$，$(3, 7)$ 不在此直線上。　　　(2) $y = -2$

   (3) $x = 1$　　　　(4) $\dfrac{x}{5} + \dfrac{y}{3} = 1 ; \dfrac{15}{2}$

4. (1) T：$y = 2x - 1$，N：$2y + x = 3$

   (2) T：$y = -2x$，N：$2y = x + 5$

   (3) T：$27y - 2x = 9$，N：$2y + 27x = -\dfrac{727}{9}$

5. (1) $\text{T}：y + \dfrac{3}{5}x = \dfrac{1}{5}$，$\text{N}：y - \dfrac{5}{3}x = -\dfrac{13}{3}$

(2) $\text{T}：y - 1 = -\dfrac{13}{14}(x - 2)$

$\quad\ \text{N}：y - 1 = \dfrac{14}{13}(x - 2)$

3.2 均值定理 (註)

學習目標

■ 了解洛爾定理拉格蘭日均值定理之敘述（特別注意到三個定理敘述均是 $f(x)$ 在 $[a, b]$ 為連續，在 (a, b) 為可微分，在 (a, b) 存在一個 x_0……）及其幾何意義。

■ 用拉格蘭日定理證明一些簡單的不等式。

3.2.1 洛爾定理（Rolle's Theorem）

 定理 A $f(x)$ 在 $[a, b]$ 上為連續，且在 (a, b) 內各點皆可微分，若

註：本節是供本章爾後諸節之理論基礎，若時間不足或其他原因，可略之或僅做簡單之介紹即可。

$f(a) = f(b)$ 則在 (a, b) 之間必存在一數 x_0，$a < x_0 < b$，使得 $f'(x_0) = 0$。

洛爾定理之幾何意義為 f 在 $[a, b]$ 連續且在 (a, b) 可微分之條件下，若 $f(a) = f(b)$，則在 (a, b) 之間必可找到一點其切線斜率為零之水平切線。

例 1. $y = x^2$，求 y 在 $(-1, 1)$ 間斜率為 0 之水平切線。

解 $y = f(x) = x^2$ 在 $[-1, 1]$ 為連續，在 $(-1, 1)$ 為可微分，又 $f(1) = f(-1)$

∴ $y = f(x) = x^2$ 在 $(-1, 1)$ 間必存在一條斜率為 0 之水平切線，設切點在 $x = x_0$ 處則 $f'(x_0) = 2x_0 = 0$，

∴ $x_0 = 0$，得 $y_0 = 0$

即 $y = x^2$ 在 $(0, 0)$ 處有一水平切線，即 x 軸。

例 2. $y = \dfrac{1}{x^2}$，但在 $(-1, 1)$ 是否存在一個 x。滿足 $f'(x_0) = 0$？

解 對 $f(x) = \dfrac{1}{x^2}$，因為 $f(x)$ 在 $x = 0$ 處不處不可微分，也不連續，故不存在一 $x_0 \in (-1, 1)$ 使得 $f'(x_0) = 0$。

例 3. $f(x) = (x-1)(x-2)(x-3)(x-4)$ 問 $f'(x) = 0$ 有幾個實根？其分布情形如何？

解 ∵ $f(x)$ 在 $[1, 4]$ 上為連續且在 $(1, 4)$ 上為可微分，又

(1) $f(1) = f(2) = 0$，∴由洛爾定理知 $f'(x) = 0$ 在 $(1, 2)$ 間有 1 根。

(2) $f(2) = f(3) = 0$，∴由洛爾定理知 $f'(x) = 0$ 在 $(2, 3)$ 間有 1 根。

(3) $f(3) = f(4) = 0$，∴由洛爾定理知 $f'(x) = 0$ 在 $(3, 4)$ 間有 1 根。

3.2.2 均值定理（拉格蘭日均值定理）（Langrange Mean-Value Theorem，又稱 Langrange 定理）

定理 B

$f(x)$ 在 $[a, b]$ 上為連續且在 (a, b) 內各點均可微分，則在 (a, b) 間必存在一數 x_0，$a < x_0 < b$，使得 $f'(x_0) = \dfrac{f(b) - f(a)}{b - a}$。

證明

設 A，B 二點之座標分別為 $(a, f(a))$，$(b, f(b))$ 則 $\overrightarrow{AB}$ 之斜率

$$m = \frac{f(b) - f(a)}{b - a}$$

取 $g(x) = f(x) - [f(a) + m(x - a)]$

∵ $g(a) = 0$

且 $g(b) = f(b) - [f(a) + \dfrac{f(b) - f(a)}{b - a}(b - a)]$

$\qquad = 0$

∴ $g(a) = g(b) = 0$

又 $g(x)$ 在 (a, b) 中可微分且在 $[a, b]$ 中為連續，故由洛爾

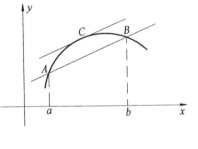

定理知存在一個 $x_0 \in (a, b)$ 使得 $g'(x_0) = 0$，即

$$g'(x_0) = f'(x_0) - m = 0 \quad \therefore m = f'(x_0) = \frac{f(b) - f(a)}{b - a} \quad \blacksquare$$

拉格蘭日均值定理之幾何意義為 f 在 $[a, b]$ 為連續且在 (a, b) 內皆可微分，則在 (a, b) 之間必可找到一點其切線與 $(a, f(a))$ 及 $(b, f(b))$ 之連線平行。

例4. 若 $f(x) = x^2 + 1$，$x \in [-1, 2]$，求滿足拉格蘭日均值定理之 x_0。

解 $f'(x_0) = 2x_0$，根據均值定理，

$$f'(x_0) = \frac{f(x_2) - f(x_1)}{x_2 - x_1} = \frac{f(2) - f(-1)}{2 - (-1)} = \frac{5 - 2}{3} = 1$$

$\therefore 2x_0 = 1$，即 $x_0 = \dfrac{1}{2}$

讀者易看出 $x_0 = \dfrac{1}{2} \in (-1, 2)$

例5. 若 $f(x) = \sqrt{x}$，$x \in [0, 1]$，求滿足拉格蘭日均值定理之 x_0。

解 $f'(x) = \dfrac{1}{2\sqrt{x}}$，$\therefore f'(x_0) = \dfrac{1}{2\sqrt{x_0}}$

$$\frac{f(x_2) - f(x_1)}{x_2 - x_1} = \frac{f(1) - f(0)}{1 - 0} = \frac{1 - 0}{1} = 1$$

$\therefore \dfrac{f(x_2) - f(x_1)}{x_2 - x_1} = f'(x_0)$，即 $1 = \dfrac{1}{2\sqrt{x_0}}$

$\therefore x_0 = \dfrac{1}{4}$; $x_0 \in (0, 1)$

隨堂演練 3.2A

$f(x) = x^3$，$x \in [0, 1]$，求滿足拉格蘭日均值定理之 x_0。

Ans: $x_0 = \dfrac{1}{\sqrt{3}}$

拉格蘭日均值定理在不等式證明之應用

　　許多不等式都可透過拉格蘭日均值定理（定理 B）而建立，它的關鍵有二：一是找到一個適當的輔助函數，一是必要時需對不等式範圍加以放大而得到所要的不等式。

例 6. 試證 $\dfrac{1}{12} < \sqrt{26} - 5 < \dfrac{1}{10}$

解　取 $f(x) = \sqrt{x}$ 則由拉格蘭日均值定理：

$$\frac{\sqrt{26} - \sqrt{25}}{26 - 25} = \frac{1}{2\sqrt{\varepsilon}} \,,\, 26 > \varepsilon > 25$$

得 $\sqrt{26} - 5 = \dfrac{1}{2\sqrt{\varepsilon}}$,

$$\because \frac{1}{2\sqrt{36}} < \frac{1}{2\sqrt{26}} < \frac{1}{2\sqrt{\varepsilon}} < \frac{1}{2\sqrt{25}} \,,\, 即 \frac{1}{12} < \frac{1}{2\sqrt{\varepsilon}} < \frac{1}{10}$$

$$\therefore \frac{1}{12} < \sqrt{26} - 5 < \frac{1}{10}$$

例 7. $x > y > 0$，試證 $1 - \dfrac{x}{y} < \ln \dfrac{y}{x} < \dfrac{y}{x} - 1$

解　取 $f(x) = \ln x$，則由拉格蘭日均值定理

$$\frac{\ln y - \ln x}{y - x} = \frac{1}{\varepsilon} \,,\, y > \varepsilon > x \,,\, \frac{1}{x} > \frac{1}{\varepsilon} > \frac{1}{y}$$

$$\frac{y - x}{y} < \ln \frac{y}{x} = \frac{y - x}{\varepsilon} < \frac{y - x}{x} \,,\, 即 \ 1 - \frac{x}{y} < \ln \frac{y}{x} < \frac{y}{x} - 1$$

例 8. 若 $x > 25$，試證 $\sqrt{x} < 5 + \dfrac{x-25}{10}$

解　取 $f(x) = \sqrt{x}$，由拉格蘭日均值定理

$$\frac{\sqrt{x}-\sqrt{25}}{x-25} = \frac{1}{2\sqrt{\varepsilon}} \ , \ 25 < \varepsilon < x$$

$$\therefore \frac{\sqrt{x}-\sqrt{25}}{x-25} = \frac{\sqrt{x}-5}{x-25} = \frac{1}{2\sqrt{\varepsilon}} < \frac{1}{2\sqrt{25}} = \frac{1}{10}$$

得 $x > 25$ 時 $\sqrt{x} < 5 + \dfrac{x-25}{10}$

隨堂演練 3.2B

試證 $p(x-1) < x^p - 1 < px^{p-1}(x-1), p > 1, x > 1$

3.2.3 歌西均值定理（Cauchy's Mean Value Theorem）

定理 C　$f(x)$、$g(x)$ 滿足 ⑴ $[a, b]$ 上為連續，⑵ (a, b) 內各點均可微分，且 $g'(x_0) \neq 0$ 則在 (a, b) 間必存在一個 x_0，$a < x_0 < b$，使得 $\dfrac{f(b)-f(a)}{g(b)-g(a)} = \dfrac{f'(x_0)}{g'(x_0)}$。

　　若在歌西均值定理取 $g(x) = x$ 就是拉格蘭日均值定理。它除了可用做證明一些不等式外，還有一個重要功用，是證明洛必達法則（L'Hospitals Rule）。

習題 3.2

1. 計算下列各題滿足拉格蘭日均值定理之 x_0。

　　(1) $f(x) = \sqrt{1 - x^2}$，$x \in [0, 1]$

　　(2) $f(x) = 1 + \dfrac{4}{x}$，$x \in [1, 4]$

2. 任一拋物線 $y = a + bx + cx^2$，$c \neq 0$，$x \in [\alpha, \beta]$，其拉格蘭日均值定理之 x_0 為區間兩端點之算術平均數，即證明 $x_0 = \dfrac{\alpha + \beta}{2}$。

3. $x > 0$，試證 $\dfrac{x}{x + 1} < \ln(1 + x) < x$

4. $a > b > 0$ 且 $n > 1$ 試證 $nb^{n-1}(a - b) < a^n - b^n < na^{n-1}(a - b)$

5. $x > 0$ 時試證 $1 + \dfrac{x}{2\sqrt{1 + x}} < \sqrt{1 + x} < 1 + \dfrac{1}{2}x$

6. 若 $x > 15$ 試證 $\sqrt{1 + x} < 4 + \dfrac{x - 15}{8}$

解

1. (1) $\dfrac{1}{\sqrt{2}}$　(2) 2

3.3　增減函數與函數圖形之凹性

學習目標

■ 判斷曲線方程式之增減區間

■ 利用增減性推導一些不等式
■ 曲線方程式之上凹與下凹區間及反曲點

　　增減函數與函數圖形之凹性在繪圖及極值問題上均有重要之應用，因此本節先討論它們。

3.3.1　增減函數

 定義　設區間 I 包含在函數 f 的定義域中

(1) 若對所有的 x_1，$x_2 \in$ I 且 $x_1 \leqq x_2$，都有 $f(x_1) \leqq f(x_2)$ 則稱函數 f 在區間 I 內為**遞增**（Increasing）。

(2) 若對所有的 x_1，$x_2 \in$ I 且 $x_1 < x_2$，都有 $f(x_1) < f(x_2)$，則稱函數 f 在區間 I 內為**嚴格遞增**（Strictly Increasing）。

(3) 將上定義 (1) 中的「$f(x_1) \leqq f(x_2)$」改成「$f(x_1) \geqq f(x_2)$」即得**遞減**（Decreasing）。

(4) 將上定義 (2) 中的「$f(x_1) < f(x_2)$」改成「$f(x_1) > f(x_2)$」即得嚴格**遞減**（Strictly Decreasing）。

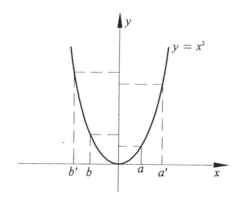

例如：$f(x) = x^2$ 爲一拋物線，其圖形如上圖，當 $x > 0$ 時，$a' > a$，有 $f(a') > f(a)$，因此 $f(x) = x^2$ 在 $x > 0$ 時爲嚴格遞增函數，但當 $x < 0$ 時，$b > b'$，$f(b) < f(b')$，因此 $f(x) = x^2$ 在 $x < 0$ 時爲嚴格遞減函數。若 $f(x)$ 在定義域 D 中爲嚴格遞增或嚴格遞減時，我們統稱它們爲**單調函數**（**Monotonic Functions**），它們的反函數存在。

定理 A $f(x)$ 在 $[a, b]$ 爲連續，且在 (a, b) 爲可微分

(1) 若 $f'(x) > 0$，$\forall x \in (a, b)$，則 $f(x)$ 在 (a, b) 爲嚴格遞增函數。

(2) 若 $f'(x) < 0$，$\forall x \in (a, b)$，則 $f(x)$ 在 (a, b) 爲嚴格遞減函數。

(3) 若 $f'(x) = 0$，$\forall x \in (a, b)$，則 $f(x)$ 在 (a, b) 爲常數函數。

證明 (1) 由拉格蘭日均值定理

$$\frac{f(x) - f(a)}{x - a} = f'(x_0) > 0，\forall x_0 \in (a, b)$$

$\because x > a$，$\therefore f(x) > f(a)$，因此 $f(x)$ 爲一嚴格遞增函數。

(2) 由拉格蘭日均值定理

$$\frac{f(x) - f(a)}{x - a} = f'(x_0) < 0，\forall x_0 \in (a, b)$$

$\because x > a$，$\therefore f(x) < f(a)$，因此 $f(x)$ 爲一嚴格遞減函數。

(3) 任取 x_0，$a < x_0 < b$ 依拉格蘭日均值定理

$$f(x_0) - f(a) = (x_0 - a)f'(x_1) = (x_0 - a) \cdot 0 = 0$$

$$a < x_1 < x_0$$

故對任一 x_0，$a < x_0 < b$，$f(x_0) = f(a)$

因此 $f(x) = c$，即 $f(x)$ 是常數函數。　　　　■

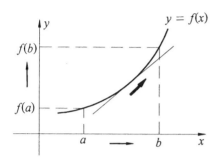

$f'(x) > 0$，$f(x)$ 為增函數

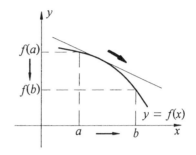

$f'(x) < 0$，$f(x)$ 為減函數

換言之，x 值變動的方向與 y 變動方向相同時為增函數，相反時則為減函數。

例 1. 問 $f(x) = x^3 - 3x^2 - 9x + 6$ 在哪個範圍內為嚴格遞增函數？

解　∵ $f'(x) = 3x^2 - 6x - 9$

　　　　　$= 3(x^2 - 2x - 3)$

　　　　　$= 3(x - 3)(x + 1)$

∴ $x > 3$，$x < -1$ 時，$f'(x) > 0$

即 $f(x)$ 在 $(3, \infty)$、$(-\infty, -1)$ 時為嚴格遞增函數。

例 1 在何範圍內爲嚴格遞減函數
Ans: $3 > x > -1$，即 $(-1, 3)$

例 2. 求 $y = 4x + \dfrac{9}{x}$，$x \neq 0$ 在哪個區間爲嚴格遞增函數，在
哪個區間爲嚴格遞減函數？

解　　$y = 4x + \dfrac{9}{x} = 4x + 9x^{-1}$

$y' = 4 - 9x^{-2} > 0$ 或 $x^2 > \dfrac{9}{4}$ 時爲嚴格遞增

又 $(x + \dfrac{3}{2})(x - \dfrac{3}{2}) > 0$

$\therefore x > \dfrac{3}{2}$ 或 $x < -\dfrac{3}{2}$ 時爲嚴格遞增

$-\dfrac{3}{2} < x < \dfrac{3}{2}$ 爲嚴格遞減

$f(x) = x^3 + x^2 + 1$ 在何處爲嚴格遞增？何處爲嚴格遞減？
Ans: 增區間 $x > 0$ 或 $x < -\dfrac{2}{3}$，減區間 $-\dfrac{2}{3} < x < 0$

例 3. 問 $f(x) = x^5 + x^3 + x + 2$ 在何處爲遞增？利用此結果說
明 $f(x)$ 爲一對一函數。

解　　$f'(x) = 5x^4 + 3x^2 + 1 > 0$，$x$ 爲實數時均成立。

$\therefore f(x) = x^5 + x^3 + x + 2$ 在實數域中均爲嚴格遞增函數，
因此 $x_1 > x_2$ 時恆有 $f(x_1) > f(x_2)$，知 $f(x)$ 爲一對一函數。

$f(x)$ 在區間 I 中為嚴格遞增函數或嚴格遞減函數時，$f(x)$ 必為一對一函數，從而反函數存在。

例 4. 若 $x > y > 0$，試證 $\sqrt{x} > \sqrt{y}$

解 考慮函數 $f(x) = \sqrt{x}$ ，$f'(x) = \dfrac{1}{2\sqrt{x}} > 0$

∴ $f(x) = \sqrt{x}$ 為嚴格遞增函數

又 $x > y > 0$

得 $\sqrt{x} > \sqrt{y}$

隨堂演練 3.3C

仿例 3. 說明 $f(x) = x^7 + x^5 + x$ 是一個一對一函數。

3.3.2 上凹與下凹

一個圖形是上凹（Concave Up）或下凹（Concave Down），其定義如下：

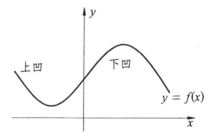

定義 函數 f 在 $[a, b]$ 中為連續且在 (a, b) 中為可微分，若

⑴ 在 (a, b) 中，f 之切線位於 f 圖形之下，則稱 f 在 $[a, b]$ 為上凹。

(2)在 (a, b) 中，f 之切線位於 f 圖形之上，則稱 f 在 $[a, b]$ 爲下凹。

用白話來說，上凹是一個開口向上之圖形，下凹則是開口向下。也可說，上凹是切線在 f 圖形之下，也就是圖形在切線之上面，下凹則恰好相反。如下圖：

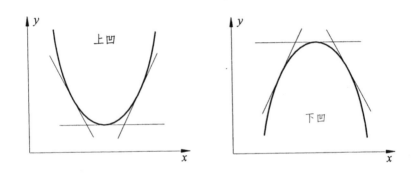

定理 B 是判斷圖形凹性之重要方法。

> **定理 B** f 在 $[a, b]$ 中爲連續，且在 (a, b) 中爲可微分，則
> (1)在 (a, b) 中滿足 $f'' > 0$，則 f 在 $[a, b]$ 中爲上凹。
> (2)在 (a, b) 中滿足 $f'' < 0$，則 f 在 $[a, b]$ 中爲下凹。

例 5. $y = x^3 + 3x^2 + 9x + 7$ 在何處爲上凹？何處爲下凹？

解 $f'(x) = 3x^2 + 6x + 9$

$f''(x) = 6x + 6 = 6(x + 1)$

$\therefore f''(x) = \begin{cases} 6(x+1) > 0 & x > -1 \\ 6(x+1) < 0 & x < -1 \end{cases}$

		-1	
f''	$-$		$+$
凹性	$\frown$		$\smile$

$\therefore f(x)$ 在 $(-1, \infty)$ 爲上凹，$(-\infty, -1)$ 爲下凹

3.3.3 抛物線

抛物線是一個極爲基本而基本的一元二次函數曲線，我們在國中時期即以代數配方法得到它的圖形與性質。

 抛物線之標準式爲 $y = ax^2 + bx + c, a \neq 0$（$a = 0$ 時爲直線），(1)$a > 0$ 時，圖形開口向上，(2) $a < 0$ 時，圖形開口向下。

不論抛物線是開口向上還是向下，頂點之 x 坐標都是 $-\dfrac{b}{2a}$。

證明 $y' = 2ax + b$，$y'' = 2a$

(1) $a > 0$ 時，我們可做出如下之增減表

x	$-\infty$		$-\dfrac{b}{2a}$		∞
$f'(x)$		$-$		$+$	
$f''(x)$		$+$		$+$	
$f(x)$		↘		↗	

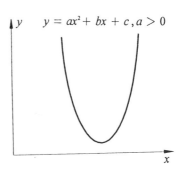

⑵ $a < 0$ 時，我們可做出如下之增減表

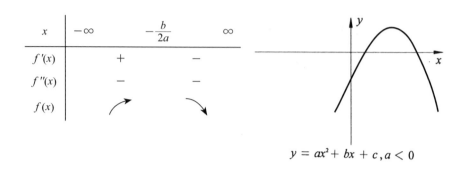

$$y = ax^2 + bx + c, a < 0$$

因此我們可得定理 C 之結果。

例6. 若 $y = -3x^2 + 6x + 1$ 則 ⑴ 此圖形開口向上或開口向下？
⑵ 頂點是？⑶ y 截距是？

解 ⑴ $\because a = -3 < 0$，$\therefore$ 開口向下

⑵ 頂點之 x 坐標為 $-\dfrac{b}{2a} = \dfrac{-6}{2(-3)} = 1$

又 $x = 1$ 時 $y(1) = -3(1)^2 + 6(1) + 1 = 4$

$\therefore (1, 4)$ 是為頂點

⑶ 令 $x = 0$ 得 y 截距為 1

隨堂演練 3.3D

$y = 2x^2 + 3x + 4$

問 (a) 此曲線名稱　(b) 開口向上還是向下　(c) 頂點坐標
　(d) y 截距

Ans: (a) 拋物線　(b) 向上　(c) $\left(-\dfrac{3}{4}, \dfrac{23}{8}\right)$　(d) 4

3.3.4 反曲點

若函數 f 上之一點 $(c, f(c))$ 改變了圖形之凹性，則該點稱為反曲點（Inflection Point）。$(c, f(c))$ 為 f 之反曲點時，$f''(c) = 0$ 或 $f''(c)$ 不存在。值得注意的是，$f''(c) = 0$ 或 $f''(c)$ 不存在是 $(c, f(c))$ 為 $y = f(x)$ 之反曲點的必要條件而非充分條件。又如習題 3.3 第 1 題第 6 小題之 $x = 0$ 不在 $f(x)$ 之定義域中，因此雖然 $(0, 0)$ 處 $f''(c)$ 不存在，$(0, 0)$ 點仍不為 $f(c)$ 之反曲點。

例 7. 求 $y = x + \sqrt{x}$ 之反曲點？

解　$y' = 1 + \dfrac{1}{2}x^{-\frac{1}{2}}$

　　$x > 0$ 時 $y'' = -\dfrac{1}{4}x^{-\frac{3}{2}} < 0$

　　$\therefore \begin{cases} x > 0 \text{ 時 } f \text{ 為全域下凹} \\ x < 0 \text{ 時 } f \text{ 無定義} \end{cases}$

故無反曲點

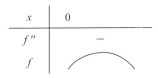

例 8. 求 $y = x^{\frac{5}{3}}$ 之反曲點？

解　$y' = \dfrac{5}{3}x^{\frac{2}{3}}$

　　$y'' = \dfrac{10}{9}x^{-\frac{1}{3}}$

　　得 $\begin{cases} x > 0 \quad \text{時} \quad y'' > 0 \\ x < 0 \quad \text{時} \quad y'' < 0 \end{cases}$

　　$\therefore (0, 0)$ 為一反曲點

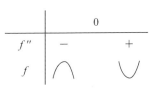

隨堂演練 3.3E

指出 $f(x) = x^3 - 6x^2 - 15x + 9$ 在何處爲上凹，在何處爲下凹及曲點

Ans: $x > 2$ 時爲上凹，$x < 2$ 時爲下凹，反曲點爲 $(2, -37)$

習題 3.3

1. 求下列各函數之增減範圍、上凹、下凹範圍以及反曲點？

　(1) $y = 2x^2 - 4x + 3$

　(2) $y = x^3 - \dfrac{1}{2}x^2 + x + 4$

　(3) $y = x^3 + x^2 + 1$

　(4) $y = x^3 - 3x$

　(5) $y = x^3 - 6x^2 + 9x + 1$

　(6) $y = x + \dfrac{1}{x}$ ，$x \neq 0$

2. 若 $f(x) = ax^3 + bx^2$ 在 $(1, 6)$ 處有反曲點，求 a, b。

3. 試討論拋物線 $y = a + bx + cx^2$ 之凹性。

4. 試求 $y = \dfrac{x}{x^2 - 1}$ 之反曲點。

解

1. (1) 嚴格遞增：$x > 1$，嚴格遞減：$x < 1$，全域上凹。無反曲點

　(2) y 在 R 中為增函數，$x > \dfrac{1}{6}$ 為上凹，$x < \dfrac{1}{6}$ 下凹，

　　　反曲點 $\left(\dfrac{1}{6}, \dfrac{449}{108}\right)$

⑶嚴格遞增：$x < -\dfrac{2}{3}$ 或 $x > 0$

嚴格遞減：$-\dfrac{2}{3} < x < 0$

上凹：$x > -\dfrac{1}{3}$，下凹：$x < -\dfrac{1}{3}$，反曲點：$(-\dfrac{1}{3}, \dfrac{29}{27})$

⑷嚴格遞增：$x > 1$ 或 $-1 < x$，嚴格遞減：$-1 < x < 1$，上凹：$x > 0$，下凹：$x < 0$，反曲點：$(0, 0)$

⑸嚴格遞增：$x < 1$ 或 $x > 3$，嚴格遞減：$1 < x < 3$，上凹：$x > 2$，下凹：$x < 2$，反曲點 $(2, 3)$

⑹嚴格遞增：$x > 1$ 或 $x < -1$，嚴格遞減：$-1 < x < 1$，上凹：$x > 0$，下凹：$x < 0$，反曲點：無

2. $f'(x) = 3ax^2 + 2bx$，$f''(x) = 6ax + 2b$

在 $(1, 6)$ 處有反曲點 　　　　$\therefore f''(1) = 6a + 2b = 0$ 　①

又 $(1, 6)$ 亦為 $f(x)$ 上一點 　　$\therefore f(1) = a + b = 0$ 　②

解①，②得 　$a = -3$，$b = 9$

3. $c > 0$ 為上凹，$c < 0$ 為下凹

4. $(0, 0)$

3.4　極值

學習目標

■ 相對極值 $\begin{cases} 一階導函數（即增減函數法） \\ 二階導函數 \end{cases}$

■ 絕對極值

■ 極值應用問題

本節所討論的極值如下：

相對極值 $\begin{cases} 相對極大 \\ 相對極小 \end{cases}$

絕對極值 $\begin{cases} 絕對極大 \\ 絕對極小 \end{cases}$

我們先從相對極值談起。

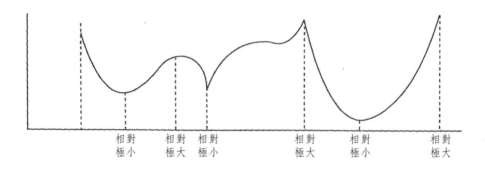

3.4.1　相對極值

相對極值亦稱之為**局部極值**（Local Extremes），它的定義是：

定義　函數 f 之定義域為 D，
(1) I 為包含於 D 之開區間，若 $c \in I$，且 $f(c) \geqq f(x)$，
$\forall x \in I$，則稱 f 有一相對極大值 $f(c)$；
(2) I 為包含於 D 之開區間，若 $c \in I$，且 $f(c) \leqq f(x)$，
$\forall x \in I$，則稱 f 有一相對極小值 $f(c)$。

有了這個定義後，我們將探討以下二個問題，一是相對極值在何處發生？如何求出極值？茲分述如下：

臨界點（Critical Point）：f 在 (a, b) 中為可微分，則 $f'(x) = 0$ 或 $f'(x)$ 不存在之點稱為臨界點。由臨界點定義，我們有以下之重要定理。

定理 A　若函數 f 在 $x = c$ 處有一相對極值，則 $f'(c) = 0$ 或 $f'(x)$ 不存在。

因此，上述定理說明了一點，**要求函數極值，首先要求出其臨界點**。同時我們要知道 $f'(c) = 0$ 或 $f'(c)$ 不存在，是 $f(x)$ 在 $x = c$ 處有相對極值之必要條件。

例 1. 求 $y = x + \dfrac{1}{x}$ 之臨界點？$x \in R$ 但 $x \neq 0$。

解　$y' = 1 - \dfrac{1}{x^2} = 0$　$\therefore x = \pm 1$ 是為二個臨界點。

3.4.2　相對極值之判別法

判斷可微分函數之相對極值之方法有二，一是一階導函數判別法（即常稱之增減表法），一是二階導函數判別法。

一階導函數判別法

定理 B

f 在 (a, b) 中為連續，且 c 為 (a, b) 中之一點，

(1) 若 $f' > 0$，$\forall x \in (a, c)$ 且 $f' < 0$，$\forall x \in (c, b)$，則 $f(c)$ 為 f 之一相對極大值；

(2) 若 $f' < 0$，$\forall x \in (a, c)$ 且 $f' > 0$，$\forall x \in (c, b)$，則 $f(c)$ 為 f 之一相對極小值。

證明

（只證(1)）

$\because$ 在 (a, c) 中 $f' > 0 \Rightarrow f(x) < f(c)$，$\forall x \in (a, c)$

又在 (c, b) 中 $f' < 0 \Rightarrow f(x) < f(c)$，$\forall x \in (c, b)$

$\therefore$ 在 (a, b) 中除 $x = c$ 外，$f(x) < f(c)$，

即 $f(c)$ 為相對極大值。 ∎

定理 B 有一種直覺的比喻，例如我們爬山，先往上爬（增函數），等爬到了山頂（相對極大點）再往下走（減函數）。又如我們到地下室，先往下走（減函數），等走到地下室（相對極小點）再往上爬（增函數）。

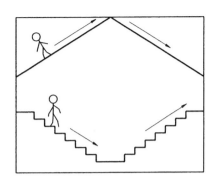

例 2. 求 $f(x) = x^3 - 3x^2 - 9x + 11$ 之相對極值？

解 (1) 先求臨界點：

$$f'(x) = 3x^2 - 6x - 9$$
$$= 3(x - 3)(x + 1)$$
$$= 0$$

∴ 得臨界點 $x = 3$ 或 $x = -1$

x		-1		3	
$f'(x)$	$+$		$-$		$+$
$f(x)$	↗	16	↘	-16	↗

(2) 作增減表

(3) ∴ $f(x)$ 在 $x = -1$ 處有相對極大值 $f(-1) = 16$，
且 $f(x)$ 在 $x = 3$ 處有相對極小值 $f(3) = -16$。

例 3. 求 $f(x) = \dfrac{lnx}{x}$，$x > 0$ 之極值？

x		e	
$f'(x)$	$+$		$-$
$f(x)$	↗	$\dfrac{1}{e}$	↘

解 (1) $f'(x) = \dfrac{x(lnx)' - lnx \cdot 1}{x^2}$

$= \dfrac{1 - lnx}{x^2} = 0$，得臨界點 $x = e$

(2) 作增減表

(3) ∴ $f(x)$ 在 $x = e$ 處有相對極大值 $f(e) = \dfrac{1}{e}$。

例 4. 分別求 $f(x) = x^2 - 2x + 3$，$g(x) = e^{(x^2-2x+3)}$，$h(x) = \dfrac{1}{\sqrt{x^2 - 2x + 3}}$ 之臨界點與相對極值？你能否說明其間之規則？

解

(1) $f(x) = x^2 - 2x + 3$ 之臨界點為 $x = 1$，而得一相對極小值 $f(1) = 2$。

(2) $g(x) = e^{(x^2-2x+3)}$ 則 $g'(x) = (2x - 2)e^{(x^2-2x+3)} = 0$，得臨界點 $x = 1$，且 $g(1) = e^2$ 為相對極小值。

(3) $h(x) = \dfrac{1}{\sqrt{x^2 - 2x + 3}}$ 則

$h'(x) = (2x - 2)\left[-\dfrac{1}{2}(x^2 - 2x + 3)\right]^{-\frac{3}{2}} = 0$，得臨界點 $x = 1$，且 $h(1) = \dfrac{1}{\sqrt{2}}$ 為相對極大值。

(1), (2), (3) 之增減表均為

x		2	
$f'(x)$	$-$	0	$+$
$f(x)$	$\searrow$		$\nearrow$

我們可說明其間之關係：設 $w(x) = u(v(x))$，則 $w'(x) = u'(v(x))v'(x)$，若 $u'(x) \neq 0$ 則 $w(x)$ 之臨界點可由 $w'(x) = 0$ 所決定，因此若 $u(x)$ 為一單調函數，則 $w'(x) = 0$ 與 $v'(x) = 0$ 有相同之解（即臨界點）義，換言之，$v(x)$ 與 $w(x)$ 之臨界點之 x 座標相同，這是例 4. $f(x)$、$g(x)$、$h(x)$ 之臨界點均有相同 x 座標之原因。

隨堂演練 3.4A

1. 求 $f(x) = \dfrac{1}{3}x^3 - x^2 - 3x + 1$ 之相對極值？

2. 求 $g(x) = e^{(\frac{1}{3}x^3 - x^2 - 3x + 1)}$ 之相對極值？

Ans: 1. $x = 3$ 有相對極小值 -8，$x = -1$ 有相對極大值 $\dfrac{8}{3}$

2. $x = 3$ 有相對極小值 e^{-8}，$x = -1$ 有相對極大值 $e^{\frac{8}{3}}$

二階導函數判別法

定理 C 若 $f'(c) = 0$ 且 f'，f'' 在包含 c 之開區間 (α, β) 均存在，則

(1) $f''(c) < 0$ 時，$f(c)$ 為 f 之一相對極大值；

(2) $f''(c) > 0$ 時，$f(c)$ 為 f 之一相對極小值。

證明

（只證 $f''(c) < 0$ 之情況，$f''(c) > 0$ 之情況可自行仿證）

x	α	c	β
$f'(x)$		$+$	$-$
$f(x)$		↗	↘

$$f''(c) = \lim_{x \to c} \frac{f'(x) - f'(c)}{x - c} = \lim_{x \to c} \frac{f'(x) - 0}{x - c}$$

(1) $f''(c) < 0 \Rightarrow \lim_{x \to c^-} \dfrac{f'(x) - 0}{x - c} < 0 \Rightarrow f'(x) > 0$，即 (α, c) 內 $f'(x) > 0$，

(2) $f''(c) < 0 \Rightarrow \lim_{x \to c^+} \dfrac{f'(x) - 0}{x - c} < 0 \Rightarrow f'(x) < 0$，即 (c, β) 內 $f'(x) < 0$。

∴ $f(c)$ 為 $f(x)$ 之一相對極大值。 ■

例 5. 用二階導函數判別法重做例 2.。

解 在例 2. 我們已求出

$f'(x) = 3x^2 - 6x - 9$，臨界點為 $x = 3$、-1

∵ $f''(x) = 6x - 6$

$f''(3) = 12 > 0$，∴ $f(x)$ 有相對極小值 $f(3) = -16$

$f''(-1) = -12 < 0$，∴ $f(x)$ 有相對極大值 $f(-1) = -16$

例 6. 用二階導函數判別法求 $f(x) = xe^x$ 之極值。

解 　1. 一階條件：

$$f'(x) = e^x + xe^x = (x + 1)e^x = 0$$

$$\therefore 臨界點\ x = -1$$

2. 二階條件：

$$f''(x) = (x + 2)e^x$$

$$f''(-1) = e^{-1} > 0$$

$$\therefore f(x) 在 x = -1 處有相對極小值 f(-1) = -e^{-1}$$

隨堂演練 3.4B

求 $f(x) = \dfrac{1}{3}x^3 - x^2 - 1$ 之相對極值？

Ans: $f(0) = -1$ 為相對極大值，$f(2) = -\dfrac{7}{3}$ 為相對極小值

定理 D
若 $f(x)$ 在 $x = a$ 之 n 階導函數存在，且 $f'(a) = f''(a) = \cdots$ $f^{(n-1)}(a) = 0$，但 $f^{(n)}(a) \neq 0$，

(1) n 為偶數時，$x = a$ 為一臨界點，且

$$\begin{cases} f^{(n)}(a) > 0，則 f(x) 有一相對極小值 f(a) \\ f^{(n)}(a) < 0，則 f(x) 有一相對極大值 f(a) \end{cases}$$

(2) n 為奇數時，$x = a$ 不是一臨界點。

例 7. 下列函數在 $x = 0$ 處是否有相對極值？　(a) $y = x^3$ (b) $y = x^4$

解 (a)$y' = 3x^2$，$y'' = 6x$，$y''' = 6$，$\because y'(0) = 0$

$\therefore y''(0) = 0$，但 $y'''(0) = 6 \neq 0$　$\therefore x = 0$ 不爲 $y = x^3$

之臨界點，即 $f(x) = x^3$ 在 $x = 0$ 處無相對極值。

(b)$y' = 4x^3$，$y'' = 12x^2$，$y''' = 24x$，$y^{(4)} = 24$

令 $y' = 0$ 得 $x = 0$，又 $y''(0) = y'''(0) = 0$，

但 $y^{(4)}(0) = 24 > 0$

$\therefore f(x) = x^4$ 在 $x = 0$ 處有相對極小值 $f(0) = 0$。

3.4.3　絕對極值

絕對極值（Absolute Extremes）又稱爲**全域極值**（Global Extremes），其定義如下：

定義 f 爲定義於某區間 I，(1) 若在 I 中存在一個 u，使得 $f(u) \geq f(x)$ $\forall x \in$ I，則 $f(u)$ 是 f 在 I 中之絕對極大值；(2) 若在 I 中存在一個 v，使得 $f(v) \leq f(x)$ $\forall x \in$ I，則 $f(v)$ 是 f 在 I 中之絕對極小值。

下面定理說明了若函數 $f(x)$ 在閉區間 I 中爲連續，則它必存在絕對極大與絕對極小。

定理 E $f(x)$ 在 $[a, b]$ 中爲連續則 $f(x)$ 在 $[a, b]$ 中有極大值與極小值。

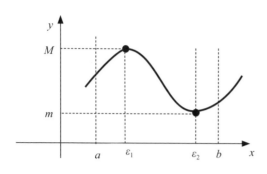

定理 B 告訴我們，只要 $f(x)$ 在〔a, b〕爲連續，則必可在〔a, b〕找到 $f(x)$ 之絕對極大值與絕對極小值，在左圖，$x = \varepsilon_1$ 時有絕對極大值 M，$x = \varepsilon_2$ 時有絕對極小值 m。但 $f(x)$ 在〔a, b〕中不連續，或者 $f(x)$ 所在之區間不爲閉區間，如 $[a, b)$, (a, b) 等，定理 B 便不恆成立。

證明可參閱高等微積分教材。

$f(x)$ 在〔a, b〕中爲連續，則它在〔a, b〕中有絕對極大及絕對極小，那麼**絕對極值**會在那些地方出現？答案是 $f'(x) = 0$、$f'(x)$ **不存在之點（這些點須在定義域內）以及端點——$f(a)$、$f(b)$。**

例 8. 承例 2. 求在以下區間之絕對極值？

(1) $4 \geq x \geq -2$　(2) $2 \geq x \geq -2$　(3) $4 \geq x \geq 2$　(4) $2 \geq x \geq 0$

解　(1) $4 \geq x \geq -2$

∴絕對極大值爲 $f(-1) = 16$，
絕對極小值爲 $f(3) = -16$

x	-2	-1	3	4
	9	16	-16	-9

(2) $2 \geq x \geq -2$

∴絕對極大值爲 $f(-1) = 16$，
絕對極小值爲 $f(2) = -11$

x	-2	-1	2
$f(x)$	9	16	-11

要注意的是 $x = 3$ 不在〔$-2, 2$〕內，因此在本小題中 $x = 3$ 不爲臨界點

⑶ $4 \geq x \geq 2$

∴絕對極大值為 $f(4) = -9$，

絕對極小值為 $f(3) = -16$

x	2	3	4
$f(x)$	-11	-16	-9

⑷ $2 \geq x \geq 0$

∴絕對極大值為 $f(0) = 11$，

絕對極小值為 $f(2) = -11$

x	0	2
$f(x)$	11	-11

随堂演練 3.4C

求 $f(x) = 2x^3 - 3x^2 + 1$，$-2 \leq x \leq 2$ 之絕對極值與相對極值？

Ans: 絕對極大值 $f(2) = 5$，絕對極小值 $f(-2) = -27$

相對極大值 $f(0) = 1$，相對極小值 $f(1) = 0$

3.4.4 極值的應用

本子節我們需要應用本節前段之方法求極值之應用問題，以下一些規則可供參考：

1. 確定問題是求極大或是極小，並用字母或符號表示與問題內有關的變數。
2. 儘可能繪一示意圖以使問題具體化。
3. 探討各變量間之關係。
4. 找出要求極大／極小之變數及其範圍。
5. 用本節方法求出絕對極大／極小。

例 9. 將每邊長 a 之正方形鋁片截去四個角做成一個無蓋子的盒子，求盒子的最大容積爲何？

解 (1) 本題要解的是最大容積爲何？

　　　設 V ＝容積。

(2) 設截去之角每邊長 x，如右圖，

(3) 求 a，x，V 間之關係：

$$V = (a - 2x)^2 \cdot x \,, x < \frac{a}{2}$$

(4) 取 $f(x) = (a - 2x)^2 \cdot x$，$a > 2x$

(5) $f'(x) = 12x^2 - 8ax + a^2 = (6x - a)(2x - a) = 0$

　　　解得 $x = \dfrac{a}{2}$（不合）或 $x = \dfrac{a}{6}$，

　　　$f''(\dfrac{a}{6}) = 24(\dfrac{a}{6}) - 8a < 0$

　　　$\therefore V = (a - \dfrac{a}{3})^2 \cdot \dfrac{a}{6} = \dfrac{2}{27} a^3$，此即盒子之最大容積。

例 10. 用長度爲 2ℓ 之直線所圍成之諸矩形中，長寬應爲何方能使面積最大？

解 設矩形之一邊長爲 x，則一邊寬爲 $\ell - x$，

因此矩形面積 A 爲 x 之函數，

$A(x) = x(\ell - x)$，$\ell > x > 0$

$\dfrac{d}{dx}A(x) = \dfrac{d}{dx}x(\ell - x)$

$\qquad\quad = \dfrac{d}{dx}(x\ell - x^2)$

$\qquad\quad = \ell - 2x = 0$

$\therefore x = \dfrac{\ell}{2}$……長，寬 ＝ $\ell - \dfrac{\ell}{2} = \dfrac{\ell}{2}$

$$\frac{d^2}{dx^2}A(x) = -2 < 0$$

∴ 當長＝寬＝$\frac{\ell}{2}$ 之正方形時有最大面積 $\frac{\ell}{2} \cdot \frac{\ell}{2} = \frac{\ell^2}{4}$。

例 11. 某農莊擬在沿河邊築一牧場，牧場圍籬成「∏」字形（如下圖），假定 $OABC$ 可視爲一長方形。若圍籬長度爲 6,000 公尺，試問應如何圍籬方可使所圍之面積爲最大？

解 設 $OA = BC = x$ 則

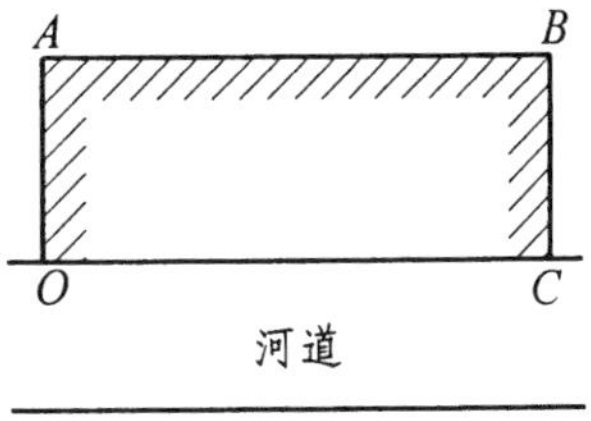

$AB = 6,000 - 2x$

∴ $OABC$ 之面積

$$A(x) = x(6,000 - 2x)$$
$$= -2x^2 + 6,000x$$

$$\frac{d}{dx}A(x) = -4x + 6,000 = 0，∴ x = 1,500$$

$$\frac{d^2}{dx^2}A(x) = -4 < 0$$

∴ $x = 1,500$ 時 $A(x)$ 有極大值，即 $OA = BC = 1,500$ 公尺，

$AB = 3,000$ 公尺時面積最大，即 4,500,000 平方公尺。

例 12. 求 $(0, 8)$ 到 $x^2 = 8y$ 之最短距離

解

方法一：設 (x, y) 爲 $(0, 8)$ 距 $x^2 = 8y$ 最近之一點，距離

$D = \sqrt{x^2 + (y-8)^2} = \sqrt{8y + (y-8)^2} = \sqrt{y^2 - 8y + 64}$，

此爲 y 之函數。又 $D(y) = \sqrt{y^2 - 8y + 64}$ 之臨界點與 $h(y) = y^2 - 8y + 64$ 之臨界點相同，我們就針對 $h(y) = y^2 - 8y + 64$ 求臨界點：$h'(y) = 2y - 8 = 0 ∴ y = 4$，$h''(4)$

> 0，在 $y = 4$ 時 $(0, 8)$ 到 $x^2 = 8y$ 之距離最小，又 $y = 4$ 時，

$x^2 = 32$，$\therefore D = \sqrt{x^2 + (y-8)^2} = \sqrt{32 + (4-8)^2} = 4\sqrt{3}$

方法二：$D = \sqrt{x^2 + (y-8)^2} = \sqrt{x^2 + y^2 - 16y + 64}$
（配方法）
$$= \sqrt{8y + y^2 - 16y + 64}$$
$$= \sqrt{(y-4)^2 + 48}$$

$\therefore$ 當 $y = 4$ 時 D 有一極小值 $\sqrt{48} = 4\sqrt{3}$

$\therefore 4\sqrt{3}$ 是為所求。

習題 3.4

1. 求下列各題之相對極值？

(1) $f(x) = \dfrac{1}{4}x^4 - x^3 - \dfrac{1}{2}x^2 + 3x + 1$

(2) $f(x) = x^3 - 2x^2 + x + 1$

(3) $f(x) = x^3 - 3x^2 + 2$

2. 若 $y = x^3 + ax^2 + bx + c$ 在 $x = -1$ 時有相對極大值，$x = 2$ 時有相對極小值，求 a，b？

3. 求下列各題之絕對極值？

(1) $f(x) = 10\sqrt{x} - x$，$x \in [0, 25]$

(2) $f(x) = x^3 + 3x^2 - 9x + 6$，$x \in [-4, 2]$

(3) $f(x) = x^3 - 3x - 2$，$x \in [-2, \dfrac{1}{2}]$

(4) $f(x) = x^{\frac{2}{3}}$，$x \in [-1, 1]$

(5) $f(x) = 2x^3 - 3x^2 - 12x + 15$，$x \in [0, 3]$

(6) $f(x) = x^2$，$x \in [-1, 1]$

4. 將 24m 之繩子分成二段，一段圍成正方形，另一段圍成圓形，問應如何分段，才能使面積和為最大？

解

1. (1) 相對極大值 $f(1) = \dfrac{11}{4}$，相對極小值 $f(-1) = \dfrac{-5}{4}$，相對極小值 $f(3) = -\dfrac{5}{4}$

   (2) 相對極大值 $f(\dfrac{1}{3}) = \dfrac{31}{27}$，相對極小值 $f(1) = 1$

   (3) 相對極大值 $f(0) = 2$，相對極小值 $f(2) = -2$

2. $a = -\dfrac{3}{2}$，$b = -6$（提示：臨界點 $x = -1, 2$ 滿足 $y' = 0$）

3. (1) 絕對極大值為 25，絕對極小值為 0

   (2) 絕對極大值為 26，絕對極小值為 8

   (3) 絕對極大值為 0，絕對極小值為 -4

   (4) 絕對極大值為 1，絕對極小值為 0

   (5) 絕對極大值為 15，絕對極小值為 -5

   (6) 絕對極大值為 1，絕對極小值為 0

4. $\dfrac{24m\pi}{4+\pi}$ 圍成圓形，其餘圍成正方形

3.5　繪圖

學習目標

■ 利用本節敘述之步驟，繪出函數圖形。

　　以往我們對一些簡單的圖形如直線、圓、拋物線等，不難繪出其概圖，但對於如 $y = xe^{-x}$ 或更複雜之圖形，便需找出一套有效之系統方法，本節旨在討論這種系統方法。

　　設 $y = f(x)$，要描繪 y 的圖形，可依函數之形式，參考下述步驟進行：

1. 決定 $f(x)$ 的定義域即範圍。
2. 求 x 與 y 的截距。
3. 判斷 $y = f(x)$ 是否過原點及對稱性。**奇函數對稱原點，偶函數對稱 y 軸**。

　　奇函數（Odd Function）與**偶函數**（Even Function）做一定義。

定義　　(1) $f(x) = f(-x)$ 對所有 $x \in [-a, a]$，$a > 0$ 均成立，則稱 f(x) 在 $[-a, a]$ 為偶函數。

(2) $f(x) = -f(-x)$ 對所有 $x \in [-a, a]$，$a > 0$ 均成立，則稱 f(x) 在 $[-a, a]$ 為奇函數。

　　例如：

■ $f(x) = x^2$，$x \in [-2, 2]$，因滿足 $f(-x) = f(x)$，$\therefore f(x)$ 在 $[-2, 2]$ 為偶函數。

■ $f_1(x) = x^3$，$x \in [-2, 2]$ 因滿足 $f(-x) = -f(x)$，$\therefore f(x)$ 在 $[-2, 2]$ 為偶函數。

■ $f(x) = x^3 + 1$，$x \in [-2, 2]$ 既不能滿足 $f(-x) = f(x)$ 或 $f(x) = -f(-x)$ $\therefore f(x)$ 既非奇函數亦非偶函數。

在不致混淆下，有時我們會把「$x \in [-a, a]$」省掉。

4. 漸近線。

5. 由 $f'(x)$ 是正、負決定曲線遞增、遞減的範圍。由 $f''(x)$ 是正、負決定曲線上凹、下凹的範圍：因為

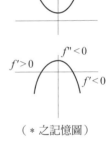

(1) 一階導函數 $\begin{cases} f' > 0 & f \in \uparrow \quad (遞增) \\ f' < 0 & f \in \downarrow \quad (遞減) \end{cases}$

(2) 二階導函數 $\begin{cases} f'' > 0 & f \in \cup \quad (上凹) \\ f'' < 0 & f \in \cap \quad (下凹) \end{cases}$

$\therefore$ ① $f' > 0$，$f'' > 0$ 其 f 圖形為 ↗

② $f' > 0$，$f'' < 0$ 其 f 圖形為 ↗

③ $f' < 0$，$f'' > 0$ 其 f 圖形為 ↘ $\bigg\}$*

④ $f' < 0$，$f'' < 0$ 其 f 圖形為 ↘

（*之記憶圖）

因此，繪圖問題就好像是拼積木，只不過它之形狀只有 ↗ ↗ ↘ ↘ 四個圖案，各圖案之始點、終點與 $f'(x) = 0$，$f''(x) = 0$ 之點有關。如此，把握上述要點繪圖也變得簡單多了。因為我們繪的是概圖，雖不要求絕對精確，但上述之關鍵元素（如圖形範圍、是否過原點、截距、凹凸、漸近線等）仍要標識出來。

例1. 試繪 $y = \dfrac{1}{x}$ 之概圖。

解 (1)範圍：x 為除了 0 以外之整個實數域
(2)漸近線：由視察法可知 $x = 0$
（y 軸）為一垂直漸近線
又 $\lim\limits_{x \to 0^+} \dfrac{1}{x} = \infty$，$\therefore y = 0$
（x 軸）為一水平漸近線
(3)對稱原點（因 $y = f(x)$ 為奇函數）
(4)作增減表
$y' = -x^{-2}$，$y'' = 2x^{-3}$

x	$-\infty$		0		∞
$f'(x)$		$-$		$-$	
$f''(x)$		$-$		$+$	
$f(x)$	0	↘	∞	↘	0

如此便繪出 $y = \dfrac{1}{x}$ 之概圖如上。

例2. 試繪 $y = x^3 - 3x^2 - 9x + 11$ 之概圖。

解 我們依本節所述之繪圖步驟：
(1)範圍：$\lim\limits_{x \to \infty} y = \lim\limits_{x \to \infty}(x^3 - 3x^2 - 9x + 11) = \infty$
$\lim\limits_{x \to -\infty} y = \lim\limits_{x \to -\infty}(x^3 - 3x^2 - 9x + 11) = -\infty$
即 $y = x^3 - 3x^2 - 9x + 11$ 之範圍為整個實數
(2)漸近線：無
(3)不通過原點，也不具對稱性，與 y 軸交於 $(0, 11)$
(4)求增減表：

$$y' = 3x^2 - 6x - 9 = 3(x^2 - 2x - 3)$$
$$= 3(x-3)(x+1) = 0$$

$\therefore x = 3, -1$ 為臨界點，

$$y'' = 6x - 6 = 6(x-1)$$

又 $x > 1$，$y'' > 0$

$x < 1$，$y'' < 0$　（ 1 , 0 ）為反曲點

x		-1		1		3	
$f'(x)$		$+$	$-$		$-$		$+$
$f''(x)$		$-$	$-$		$+$		$+$
$f(x)$	↗	16	↘	0	↘	-16	↗

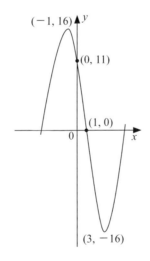

例 3. 試繪 $y = 2x + \dfrac{3}{x}$。

解 (1) 範圍：$\because \lim\limits_{x \to \infty} y = \lim\limits_{x \to \infty} (2x + \dfrac{3}{x}) = \infty$

$\lim\limits_{x \to -\infty} y = \lim\limits_{x \to -\infty} (2x + \dfrac{3}{x}) = -\infty$，故範圍為除了

0 外之整個實數域。

(2) 漸近線：由視察法易知有二條漸近線

①斜漸近線 $y = 2x$

②垂直漸近線 $x = 0$（即 y 軸）

(3) 不通過原點，對稱原點（因 $y = f(x)$ 為奇函數）

(4) 作增減表

$$y' = 2 - \dfrac{3}{x^2} = 0 \text{，} \therefore x = \pm \sqrt{\dfrac{3}{2}}$$

$$y'' = \dfrac{6}{x^3} \text{，} \begin{cases} x > 0 \text{ 時 } y'' > 0 \\ x < 0 \text{ 時 } y'' < 0 \end{cases}$$

x		$-\sqrt{\dfrac{3}{2}}$		0		$\sqrt{\dfrac{3}{2}}$	
$f'(x)$	+		−		−		+
$f''(x)$	−		−		+		+
$f(x)$	↗	$-2\sqrt{6}$	↘	∞	↘	$2\sqrt{6}$	↗

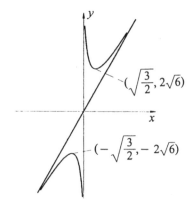

$(\sqrt{\dfrac{3}{2}}, 2\sqrt{6})$

$(-\sqrt{\dfrac{3}{2}}, -2\sqrt{6})$

隨堂演練 3.5A

試繪 $y = x + \dfrac{1}{x}$ 之概圖。

習題 3.5

1. 試繪 $y = x^2 - 2x + 3$
2. 試繪 $y = 2x^3 + 3x^2 - 12x + 4$
3. 試繪 $y = x - lnx$，$x > 0$
4. 試繪 $y = \dfrac{x^2}{x+3}$
5. 試繪 $y = \dfrac{lnx}{x}$，$x > 0$
6. 試繪 $y = xe^x$。

解

1.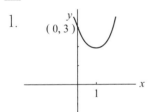

2.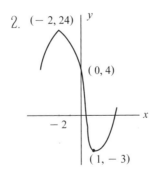

3.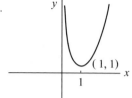

4.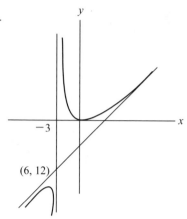

5.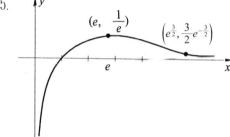

6.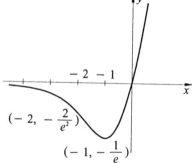

3.6 洛比達法則

學習目標

■ 應用洛比達法則解不定式（請注意 1^∞ 之特殊解法）。

■ 判斷那些情況下不能用洛比達法則。

3.6.1 不定式

在第 2 章之極限計算問題中，即已顯現出許多涉及不定式的例子。比方說，$\lim_{x\to 1}\dfrac{x^2-1}{x-1}$是一個 $\dfrac{0}{0}$ 的例子，$\lim_{x\to 1}\dfrac{x^3-1}{x^2-1}$ 也是一個 $\dfrac{0}{0}$ 的例子，前者之結果是 2，而後者則是 $\dfrac{3}{2}$，其他不定式之情況還有 $\dfrac{\infty}{\infty}$、0、∞、0° 等形式。（請注意 $f(x)=x^x$ 時 $f(0)$ 是無意義，但若 $\lim_{x\to a} f(x)=\lim_{x\to a} g(x)=0$ 則 $\lim_{x\to a} f(x)^{g(x)}$ 為不定式，讀者勿將二者混淆。）第 2 章所介紹的方法對如 $\lim_{x\to 0}\dfrac{e^x-1}{x+e^x-1}$ 這類不定式問題即束手無策，但本節之**洛比達法則**（L'Hospital's Rule）可以簡單、漂亮地處理更廣泛之不定式問題。

3.6.2 洛比達法則

定理 A　洛比達（L'Hospital）法則：若 $\lim_{x\to a}f(x)=\lim_{x\to a} g(x)=0$，且 $\lim_{x\to a}\dfrac{f'(x)}{g'(x)}$ 存在，則 $\lim_{x\to a}\dfrac{f(x)}{g(x)}=\lim_{x\to a}\dfrac{f'(x)}{g'(x)}$。

在此a可為$+\infty$，$-\infty$，或0^+，0^-等型式。

證明　我們不用歌西均值定理，改用一個較簡單之證法。

$$\lim_{x \to a} \frac{f'(x)}{g'(x)} = \frac{f'(a)}{g'(a)} = \frac{\lim_{x \to a} \dfrac{f(x) - f(a)}{x - a}}{\lim_{x \to a} \dfrac{g(x) - g(a)}{x - a}}$$

$$= \lim_{x \to a} \frac{f(x) - f(a)}{g(x) - g(a)} = \lim_{x \to a} \frac{f(x)}{g(x)}$$

■

應用洛比達法則時應注意到：

⑴ 在 $\lim\limits_{x \to x_0} f(x) = \lim\limits_{x \to x_0} g(x) = \infty$ 時，定理仍成立，

⑵ $f(x)$，$g(x)$ 需為可微分。

例1. 求 $\lim\limits_{x \to \infty} \dfrac{x^3}{e^x}$

解

$$\lim_{x \to \infty} \frac{x^3}{e^x} \qquad \left(\frac{\infty}{\infty}\right)$$

$$\xrightarrow{\text{L'Hospital}} \lim_{x \to \infty} \frac{3x^3}{e^x} \qquad \left(\frac{\infty}{\infty}\right)$$

$$\xrightarrow{\text{L'Hospital}} \lim_{x \to \infty} \frac{6x}{e^x} \qquad \left(\frac{\infty}{\infty}\right)$$

$$= \lim_{x \to \infty} \frac{6}{e^x}$$

$$= 0$$

例2. 求 $\lim\limits_{x \to 1} \dfrac{x^5 - 2x^3 + x}{x^7 - 2x^4 + x} = ?$

解

$$\lim_{x \to 1} \frac{x^5 - 2x^3 + x}{x^7 - 2x^4 + x} \qquad \left(\frac{0}{0}\right)$$

$$\xrightarrow{\text{L'Hospital}} \lim_{x \to 1} \frac{5x^4 - 6x^2 + 1}{7x^6 - 8x^3 + 1} \qquad \left(\frac{0}{0}\right)$$

$$\xrightarrow{\text{L'Hospital}} \lim_{x \to 1} \frac{20x^3 - 12x}{42x^5 - 24x^2} = \frac{8}{18} = \frac{4}{9}$$

例3. 若 $f(x)$ 為可微分，$f(a) = a\,(a \neq 0)$，$f'(a) = b$，

求 $\displaystyle\lim_{x \to a} \frac{(f(x))^2 - a^2}{x^2 - a^2}$

解 $\displaystyle\lim_{x \to a} \frac{(f(x))^2 - a^2}{x^2 - a^2} \xlongequal{\text{L'Hospital}} \lim_{x \to a} \frac{2f(x)f'(x)}{2x} = \lim_{x \to a} \frac{f(x)f'(x)}{x}$

$\displaystyle = \frac{f(a)f'(a)}{a} = \frac{ab}{a} = b$

例4. 求 $\displaystyle\lim_{x \to 0} \frac{e^x - 2x - 1}{x^2} = ?$

解 $\displaystyle\lim_{x \to 0} \frac{e^x - 2x - 1}{x^2} \xlongequal{\text{L'Hospital}} \lim_{x \to 0} \frac{e^x - 2}{2x} = \frac{-1}{0}$ 即不存在。

例5. $f(x)$ 為可微分，求 $\displaystyle\lim_{h \to 0} \frac{f(x + h) - (x - h)}{h}$

解

方法一：因 $\displaystyle\lim_{h \to 0} \frac{f(x + h) - (x - h)}{h}$ 為一個 $\left(\dfrac{0}{0}\right)$ 不定式，f 為可微

分，我們可應用洛比達法則：

$\displaystyle\lim_{h \to 0} \frac{f(x + h) - f(x - h)}{h} \xlongequal{\text{L'Hospital}} \lim_{h \to 0} \frac{f'(x + h) + f'(x - h)}{1}$

$= 2f'(x)$

方法二：除了洛比達法則外，我們還可用變數變換法：

$\displaystyle\lim_{h \to 0} \frac{f(x + h) - f(x - h)}{h} = \lim_{h \to 0} \frac{[f(x + h) - f(x)] + [f(x) - f(x - h)]}{h}$

$\displaystyle = \lim_{h \to 0} \frac{f(x + h) - f(x)}{h} + \lim_{h \to 0} \frac{f(x) - f(x - h)}{h} \quad\cdots\cdots\cdots\cdots ①$

又 $\displaystyle\lim_{h \to 0} \frac{f(x) - f(x - h)}{h} \xlongequal{-h = y} \lim_{y \to 0} \frac{f(x) - f(x + y)}{-y}$

$\displaystyle = \lim_{y \to 0} \frac{f(x + y) - f(x)}{y} = f'(x)$

$\therefore ① = f'(x) + f'(x) = 2f'(x)$

用 L'Hospital 法則求

1. $\lim\limits_{x \to -1} \dfrac{x^4 - 1}{x^2 + 3x + 2} = ?$

2. $\lim\limits_{x \to \infty} \dfrac{x^2 + 7x - 9}{3x^3 + x + 1} = ?$

3. $\lim\limits_{x \to \infty} \dfrac{x^4 + x + 3}{3x^3 + x^2 + 9}$

Ans: 1. -4　　2. 0　　3. 不存在

3.6.3　0・∞型

這種類型之不定式問題，通常可化成 $\dfrac{\infty}{\infty}$ 或 $\dfrac{0}{0}$ 之型式，如此便可用洛比達法則求解。

例 6.　求 $\lim\limits_{x \to 0^+} \sqrt{x}\,ln\,x = ?$

解　$\lim\limits_{x \to 0^+} \sqrt{x}\,ln\,x \overset{y = \frac{1}{x}}{=\!=\!=\!=} \lim\limits_{y \to \infty^+} \dfrac{-\,ln\,y}{\sqrt{y}}$

$\overset{L'Hospital}{=\!=\!=\!=} \lim\limits_{y \to \infty^+} \dfrac{-\dfrac{1}{y}}{\dfrac{1}{2\sqrt{y}}} = \lim\limits_{y \to \infty^+} \dfrac{-2}{\sqrt{y}} = 0$

例 7.　求 $\lim\limits_{x \to \infty} x^2 e^{-x} = ?$

解　$\lim\limits_{x \to \infty} x^2 e^{-x} \overset{L'Hospital}{=\!=\!=\!=} \lim\limits_{x \to \infty} \dfrac{x^2}{e^x} \overset{L'Hospital}{=\!=\!=\!=} \lim\limits_{x \to \infty} \dfrac{2x}{e^x} \overset{L'Hospital}{=\!=\!=\!=} \lim\limits_{x \to \infty} \dfrac{2}{e^x} = 0$

3.6.4 $\infty - \infty$ 型

這類型之不定式問題通常可通分後再用洛比達法則求解。

例 8. 求 $\lim\limits_{x \to 1} \left(\dfrac{2}{1 - x^2} - \dfrac{3}{1 - x^3} \right)$

解

$$\lim_{x \to 1} \left(\frac{2}{1 - x^2} - \frac{3}{1 - x^3} \right) = \lim_{x \to 1} \frac{1}{1 - x} \left(\frac{2}{1 + x} - \frac{3}{1 + x + x^2} \right)$$

$$= \lim_{x \to 1} \frac{1}{1 - x} \left(\frac{2(1 + x + x^2) - 3(1 + x)}{(1 + x)(1 + x + x^2)} \right)$$

$$= \lim_{x \to 1} \frac{1}{1 - x} \cdot \frac{2x^2 - x - 1}{(1 + x)(1 + x + x^2)}$$

$$= \lim_{x \to 1} \frac{1}{1 - x} \frac{(2x + 1)(x - 1)}{(1 + x)(1 + x + x^2)} = \lim_{x \to 1} \frac{-(2x + 1)}{1 + x + x^2} = -1$$

3.6.5 0^0 與 1^∞ 型

這種類型問題可利用 $f(x) = e^{\ln f(x)}$，$f(x) > 0$ 之性質進行求解。

例 9. 求 $\lim\limits_{x \to 0^+} x^x = ?$

解

$$\lim_{x \to 0^+} x^x = \lim_{x \to 0^+} e^{\ln x^x} = \lim_{x \to 0^+} e^{x \ln x} = \lim_{x \to 0^+} e^{\ln x / \frac{1}{x}}$$

$$\xrightarrow{\text{L'Hospital}} \lim_{x \to 0^+} e^{-x} = e^0 = 1$$

例 10. 求 $\lim\limits_{x \to \infty} \left(1 + \dfrac{1}{x} \right)^{2x} = ?$

解

方法一： $\lim\limits_{x \to \infty}(1 + \dfrac{1}{x})^{2x}$ $\qquad (1^\infty)$

$$= e^{\lim\limits_{x \to \infty} 2x \ln(1 + \frac{1}{x})} \xrightarrow{\;y = \frac{1}{x}\;} e^{\lim\limits_{y \to 0} 2\ln(1 + y)/y}$$

$$\xrightarrow{\;\text{L'Hospital}\;} = e^{2\lim\limits_{y \to 0} \frac{1}{1 + y}/1} = e^2$$

方法二： $\lim\limits_{x \to \infty}(1 + \dfrac{1}{x})^{2x} = \left[\lim\limits_{x \to \infty}(1 + \dfrac{1}{x})^x\right]^2 = e^2$

方法三：參考 3.6.6 1^∞ 型之特殊解法

3.6.6 1^∞ 型之特殊解法

求 $\lim\limits_{x \to a} f(x)^{g(x)}$（$a$ 可為實數，$\pm\infty$）時，若 $\lim\limits_{x \to a} f(x) = 1$ 且 $\lim\limits_{x \to a} g(x) = \infty$，除了 3.6.5 節 1^∞ 型之解法外亦可應用下面定理輕易地求出結果。

定理 B

若 $\lim\limits_{x \to a} f(x) = 1$，且 $\lim\limits_{x \to a} g(x) = \infty$，則 $\lim\limits_{x \to a} f(x)^{g(x)} = e^{[\lim\limits_{x \to a}(f(x) - 1)g(x)]}$，$a$ 可為 $\pm\infty$

本定理之證明超過本書範圍故從略。

例 11. 求下列各子題之極限？

(1) $\lim\limits_{x \to \infty}(1 + \dfrac{4}{x})^{\frac{x}{2}}$ $\qquad$ (2) $\lim\limits_{x \to \infty}(1 + \dfrac{4}{x} + \dfrac{3}{x^2})^{\frac{x}{2}}$

解 $(1) f(x) = 1 + \dfrac{4}{x}$, $g(x) = \dfrac{x}{2}$;

$\lim\limits_{x\to\infty} f(x) = 1$, $\lim\limits_{x\to\infty} g(x) = \infty$

$\therefore$ 原式 $= e^{\lim\limits_{x\to\infty} [f(x)-1]g(x)} = e^{\lim\limits_{x\to\infty} \frac{4}{x} \cdot \frac{x}{2}} = e^2$

$(2) f(x) = 1 + \dfrac{4}{x} + \dfrac{3}{x^2}$, $g(x) = \dfrac{x}{2}$;

$\lim\limits_{x\to\infty} f(x) = 1$, $\lim\limits_{x\to\infty} g(x) = \infty$

$\therefore$ 原式 $= e^{\lim\limits_{x\to\infty} [f(x)-1]g(x)} = e^{\lim\limits_{x\to\infty} (\frac{4}{x} + \frac{3}{x^2}) \frac{x}{2}} = e^{\lim\limits_{x\to\infty} 2 + \frac{3}{2x}} = e^2$

随堂演練 3.6B

求 $\lim\limits_{x\to\infty} (1 + \dfrac{3}{2x})^{\frac{2}{3}x} = ?$

Ans: e

習題 3.6

1. 計算下列各題之極限？

$(1) \lim\limits_{x\to 0} \dfrac{e^x - 1}{x}$

$(2) \lim\limits_{x\to 0} \dfrac{1 - e^x}{x^2 + 3x}$

$(3) \lim\limits_{x\to 0} \dfrac{e^x - 1 - x - \dfrac{x^2}{2}}{x^2}$

$(4) \lim\limits_{x\to\infty} \dfrac{x^{10}}{e^x}$

$(5) \lim\limits_{x\to\infty} (1 + \dfrac{4}{x})^{2x}$

$(6) \lim\limits_{x\to\infty} (1 + \dfrac{1}{2x})^{2x}$

(7) $\lim\limits_{x \to 0} (x + e^x)^{\frac{1}{x}}$

(8) $\lim\limits_{x \to 0} \dfrac{e^x - 1 - x - \dfrac{x^2}{2}}{x^3}$

2. 計算下列各題之極限？

(1) $\lim\limits_{x \to 1} x^{\frac{1}{1-x}}$

(2) $\lim\limits_{x \to 0} (1 + 2x + 3x^2)^{\frac{1}{3x}}$

(3) $\lim\limits_{x \to \infty} \dfrac{(\ln x)^2}{x}$

(4) 已知 $\lim\limits_{x \to 0^+} x^x = 1$ 求 $\lim\limits_{x \to 0^+} \ln x^x$

解

1. (1) 1　(2) $-\dfrac{1}{3}$　(3) 0　(4) 不存存　(5) e^8　(6) e　(7) e^2

(8) $\dfrac{1}{6}$

2. (1) e^{-1}　(2) $e^{\frac{2}{3}}$　(3) 0　(4) 0

第 **4** 章

積分及其應用

4.1 反導函數

學習目標

■ 對反導函數求法有一基本概念
■ 對變數變換在不定積分求法有一基本概念
■ 對微分方程式有一基本概念

4.1.1 反導函數

若 $\dfrac{d}{dx} F(x) = f(x)$ 則稱 $F(x)$ 是 $f(x)$ 之反導函數（Anti-derivative），反導函數又稱為**不定積分**（Indefinite Integral），顧名思義是已知 $f'(x)$ 下要反求 $f(x)$，$f(x)$ 之反導函數（不定積分）以 $\int f(x)\,dx$ 表示。用一個簡單的例子說明之：$\dfrac{d}{dx}(x^2 + x + 1)$ $= 2x + 1$，求 $2x + 1$。反導函數之目的在於「若 $\dfrac{d}{dx} f(x) = 2x + 1$，那麼 $f(x) = ?$」反導函數之表達就是 $\int (2x + 1)\,dx$。$x^2 + x + 1$ 是個解，$x^2 + x + 40001$ 也是個解，顯然凡形如 $x^2 + x + c$ 之函數均是其解，由此看出**反導函數**之結果必有一任意常數 c。從某個角度看來，反導函數簡直是導函數之反運算。

4.1.2 反導函數之基本定理

定理
A
$$\int x^n dx = \begin{cases} \dfrac{1}{n+1}x^{n+1} + c \, , \, n \neq -1 \\[2ex] ln|x| + c \, , \, n = -1 \end{cases}$$

證明

(1) $n \neq -1$ 時 $\dfrac{d}{dx}\left(\dfrac{1}{n+1}x^{n+1} + c\right) = x^n$

$\quad \therefore \int x^n dx = \dfrac{1}{n+1}x^{n+1} + c, \, n \neq -1$

(2) $n = 1$ 時 $\dfrac{d}{dx}(ln|x| + c) = \dfrac{1}{x}$ $\quad \therefore \int x^{-1}dx = ln|x| + c$

例1. 求 (1) $\int x^3 dx = ?$ (2) $\int \sqrt[3]{x}\,dx = ?$ (3) $\int \dfrac{1}{x^2}dx = ?$

解 (1) $\int x^3 dx = \dfrac{1}{4}x^4 + c$

(2) $\int \sqrt[3]{x}\,dx = \int x^{\frac{1}{3}}dx = \dfrac{3}{4}x^{\frac{4}{3}} + c$

(3) $\int \dfrac{1}{x^2}dx = \int x^{-2}dx = -\dfrac{1}{x} + c$

例2. 求 (1) $\int \sqrt[4]{x^5}\,dx = ?$ (2) $\int \sqrt[14]{x^{23}}\,dx = ?$

解 (1) $\int \sqrt[4]{x^5}\,dx = \int x^{\frac{5}{4}}dx = \dfrac{4}{9}x^{\frac{9}{4}} + c$

(2) $\int \sqrt[14]{x^{23}}\,dx = \int x^{\frac{23}{14}}dx = \dfrac{14}{37}x^{\frac{37}{14}} + c$

例 3. 求 (1) $\int x^3 \cdot x^2 dx = ?$ (2) $\int (x^3)^2 dx = ?$

解   (1) $\int x^3 \cdot x^2 dx = \int x^5 dx = \frac{1}{6}x^6 + c$

   (2) $\int (x^3)^2 dx = \int x^6 dx = \frac{1}{7}x^7 + c$

隨堂演練 4.1A

求 1. $\int \sqrt[5]{x^3} dx = ?$ 2. $\int (\sqrt[5]{x^3})^2 dx = ?$

Ans: 1. $\frac{5}{8}x^{\frac{8}{5}} + c$ 2. $\frac{5}{11}x^{\frac{11}{5}} + c$

定理 B

若 f，g 之反導函數均存在，且 k 為任一常數，則

(1) $\int kf(x) dx = k \int f(x) dx$；

(2) $\int (f(x) \pm g(x)) dx = \int f(x) dx \pm \int g(x) dx$

例 4. 求 $\int (x^3 + x + 1) dx = ?$

解 $\int (x^3 + x + 1) dx = \int x^3 dx + \int x dx + \int 1 dx$

   $= \frac{1}{4}x^4 + c_1 + \frac{1}{2}x^2 + c_2 + x + c_3$

   $= \frac{1}{4}x^4 + \frac{1}{2}x^2 + x + c$，$c = c_1 + c_2 + c_3$

　　因為幾個任意常數之和仍為任意常數，因此，在幾個不定積分結果加總時，這幾個不定積分之常數項在計算過程中可不必考慮，而只在最後結果加上常數 c 即可。

例 5. 求 $\int (3\sqrt{x} + 2x - \frac{1}{x}) dx = ?$

解　$\int (3\sqrt{x} + 2x - \frac{1}{x}) dx$

$= \int 3x^{\frac{1}{2}} dx + \int 2x dx - \int \frac{1}{x} dx$

$= 3(\frac{2}{3}x^{\frac{3}{2}}) + x^2 - ln \mid x \mid + c$

$= 2x^{\frac{3}{2}} + x^2 - ln \mid x \mid + c$ 或 $2\sqrt{x^3} + x^2 - ln \mid x \mid + c$

例 6. 求 $\int \frac{(x+1)^2}{\sqrt{x}} dx = ?$

解　$\int \frac{(x+1)^2}{\sqrt{x}} dx = \int x^{-\frac{1}{2}}(x^2 + 2x + 1) dx$

$= \int x^{\frac{3}{2}} + 2x^{\frac{1}{2}} + x^{-\frac{1}{2}} dx$

$= \frac{2}{5}x^{\frac{5}{2}} + 2 \cdot \frac{2}{3}x^{\frac{3}{2}} + 2x^{\frac{1}{2}} + c$

$= \frac{2}{5}x^{\frac{5}{2}} + \frac{4}{3}x^{\frac{3}{2}} + 2x^{\frac{1}{2}} + c$ 或 $(\frac{2}{5}\sqrt{x^5} + \frac{4}{3}\sqrt{x^3} + 2\sqrt{x} + c)$

隨堂演練 4.1B

求 $\int \sqrt{x}(x+1) dx = ?$

Ans: $\frac{2}{5}x^{\frac{5}{2}} + \frac{2}{3}x^{\frac{3}{2}} + c$

4.1.3 有關指數函數之反導函數求法

定理 C

1. $\int e^x dx = e^x + c$。

2. $\int a^x dx = \dfrac{1}{lna}(a^x) + c \quad a > 0$。

證明

1. $\because \dfrac{d}{dx}(e^x + c) = e^x \quad \therefore \int e^x dx = e^x + c$

2. $\because \dfrac{d}{dx}[\dfrac{1}{lna}(a^x) + c] = \dfrac{1}{lna}(lna)a^x = a^x$

   $\therefore \int a^x dx = \dfrac{1}{lna}a^x + c$

例 7. 求 $\int 3^x dx = ?$

解 $\int 3^x dx = \dfrac{1}{ln3}3^x + c$

推論 C1 若 $u(x)$ 是 x 的可微分函數則

1. $\int e^{u(x)}\, du(x) = e^{u(x)} + c$

2. $\int a^{u(x)}\, du(x) = \dfrac{1}{\ln a}a^{u(x)} + c$，$a > 0$

證明 定理 C 配合鏈鎖律即得。

例 8. 求 $\int x\,3^{x^2}\,dx$

解　　$\int x\,3^{x^2}\,dx = \int 3^{x^2}\,x\,dx = \int 3^{x^2}\,d\dfrac{x^2}{2}$

$\overset{u=x^2}{=\!=\!=\!=} \dfrac{1}{2}\int 3^u\,du = \dfrac{1}{2\ln 3}3^u + c$

$= \dfrac{1}{2\ln 3}3^{x^2} + c$

例 8 之解法可做為以後要談的積分變數變換法之基礎，再看下例：

例 9. 求 $\int x^2\,e^{x^3}\,dx$

解　　$\int x^2\,e^{x^3}\,dx = \int e^{x^3}\,x^2\,dx = \int e^{x^3}\,d\dfrac{x^3}{3} \overset{u=x^3}{=\!=\!=\!=} \dfrac{1}{3}\int e^u\,du$
$= \dfrac{1}{3}e^u + c = \dfrac{1}{3}e^{x^3} + c$

有興趣的讀者可做如下之驗算：

（例 8）$\dfrac{d}{dx}\left(\dfrac{1}{2\ln 3}3^{x^2} + c\right) = x3^{x^2}$

（例 9）$\dfrac{d}{dx}\left(\dfrac{1}{3}e^{x^3} + c\right) = x^2 e^{x^3}$

由例 8、例 9 我們可看出一個解題上之「小撇步」：
$\int v(x)e^{u(x)}\,dx$，判斷是否可應用推論 C1，我們可做如下之圖解：

$\int v\overset{\frown}{(x)\ e^{u(x)}}\,dx$ 箭頭所指的是「微分的方向」即 $u'(x) = cv(x)$，c 為某個特定值。

$\int v(x)a^{u(x)}\,dx$ 之圖解亦為 $\int v\overset{\frown}{(x)\ e^{u(x)}}\,dx$，即 $u'(x) = cv(x)$

若不能滿足圖解所示之條件便無法應用推論 C1。例如：
$\int x e^{x^3} dx$ 之 $\int x^4 e^{x^3} dx$ 因此我們無法應用推論 C1。

> **隨堂演練 4.1C**
>
> 下列何者可應用推論 A1，若是請求結果：
> (1) $\int x^2 e^{x^3} dx$　(2) $\int x e^{x^3} dx$　(3) $\int e^{x^2} dx$
>
> **Ans:** 只 (1)，積分結果 $\frac{1}{3} e^{x^3} + c$

4.1.4　有關對數函數之反導函數求法

定理 D　$\int \frac{1}{x} dx = \ln|x| + c$

證明　$\frac{d}{dx} (\ln|x| + c) = \frac{1}{x}$

我們在 4.1.2 已對自然對數函數之反導函數求法有一初步了解，定理 A 透過鏈法則便有下列重要結果：

推論 D1　$\int \frac{u'(x)}{u(x)} dx = \ln|u(x)| + c$

在求 $\int \frac{v(x)}{u(x)} dx$ 時，若 $u'(x) = cv(x)$，則

$$\int \frac{v(x)}{u(x)} dx = \ln|u(x)| + c$$

例 10. 求 $\int \dfrac{x^2 + 2x}{x^3 + 3x^2 + 1} dx$

解　$\int \dfrac{x^2 + 2x}{x^3 + 3x^2 + 1} dx \xmapsto{u = x^3 + 3x^2 + 1} \int \dfrac{du}{3u} = \dfrac{1}{3}\ln u + c$

$= \dfrac{1}{3}\ln |x^3 + 3x^2 + 1| + c$

若讀者熟悉上述解法，那麼就可用更簡便的表達方式：

■（例 8）$\int x\, 3^{x^2} dx = \int 3^{x^2} d\dfrac{x^2}{2} = \dfrac{1}{2}\int 3^{x^2} dx^2 = \dfrac{1}{2} \cdot 3^{x^2} + c$

■（例 9）$\int x^2 e^{x^3} dx = \int e^{x^3} d\dfrac{x^3}{3} = \dfrac{1}{3}\int e^{x^3} + c$

■（例 10）$\int \dfrac{dx}{x^3 + 3x^2 + 1} = \int \dfrac{\dfrac{1}{3}d(x^3 + 3x^2 + 1)}{x^3 + 3x^2 + 1}$

$= \dfrac{1}{3}\ln |x^3 + 3x^2 + 1| + c$

我們將在 4.3 節對不定積分變數變換法做進一步說明。

4.1.5　幾個最簡單微分方程式的例子

微分方程式（Differential Equations）顧名思義是含有導函數、偏導函數的方程式，只含導函數之微分方程式稱為**常微分方程式**（Ordinary Differential Equations），如 $y' + 2y'' + y = 3e^x$，$\dfrac{dx}{dy} + xy = e^x$ 等均是。

例 11. 若 $y' = 3$，求 $y = ?$ 又 $y(0) = 1$，求 $y = ?$ 這裡 $y(0) = 1$ 是說 $x = 0$ 時 $y = 1$。

解　　　$y' = 3$ 相當於 $\dfrac{d}{dx}y = 3$，則 $y = ?$

$y = \displaystyle\int 3dx = 3x + c$

又 $y(0) = 1$，此相當於 $x = 0$，$y = 1$

$\therefore y = 3x + c \;\Big|_{x = 0,\ y = 1}$ 得 $c = 1$

即 $y = 3x + 1$ 是為所求。

例 12.　曲線 c 之斜率函數為 $m = x^3$，若此曲線過 $(1, 1)$，求 $f(3) = ?$

解　　　$f'(x) = x^3$

$\therefore f(x) = \displaystyle\int x^3 dx = \dfrac{x^4}{4} + c$

$y = \dfrac{x^4}{4} + c$ 過 $(1, 1)$　$1 = \dfrac{1}{4} + c$

$\therefore c = \dfrac{3}{4}$，即 $y = \dfrac{1}{4}(x^4 + 3)$

$f(3) = \dfrac{3^4}{4} + \dfrac{3}{4} = \dfrac{84}{4} = 21$

隨堂演練 4.1D

若 $y' = 3x^2 + 2x + 1$，$y(0) = 1$，求 $y = ?$

Ans: $y = x^3 + x^2 + x + 1$

習題 **4.1**

1. 求下列各題之值？

   (1) $\int (x^2 + 3x + 1)\,dx$ (2) $\int (x - \dfrac{2}{x})^2\,dx$

   (3) $\int \dfrac{(1+x)^3}{x}\,dx$ (4) $\int \dfrac{x+1}{\sqrt{x}}\,dx$

   (5) $\int (1+x)^2\,dx$ (6) $\int \sqrt[3]{\sqrt[5]{x}}\,(1-x)\,dx$

   (7) $\int (x^2 + x + 1)(x^2 - x + 1)\,dx$ (8) $\int 5^x\,dx$

       （提示：$(x^2 + x + 1)(x^2 - x + 1)$
       $= x^4 + x^2 + 1$）

2. 試解下列微分方程式。

   (1) $y' = x^2$ (2) $y' = 2x$，$f(0) = 1$

   (3) $y' = x^3 + x + 1$ (4) $y' = \sqrt{x} + \sqrt[3]{x}$

3. 求 (1) $\int \dfrac{dx}{(x+1)^2}$ (2) $\int \dfrac{2x+3}{x^2+3x+2}\,dx$

        (3) $\int \dfrac{1}{x^2}\,e^{\frac{1}{x}}\,dx$ (4) $\int e^{\ln(x^2+1)}\,dx$

解

1. (1) $\dfrac{1}{3}x^3 + \dfrac{3}{2}x^2 + x + c$ (2) $\dfrac{1}{3}x^3 - 4x - \dfrac{4}{x} + c$

   (3) $\ln|x| + 3x + \dfrac{3}{2}x^2 + \dfrac{1}{3}x^3 + c$ (4) $\dfrac{2}{3}x^{\frac{3}{2}} + 2x^{\frac{1}{2}} + c$

   (5) $x + x^2 + \dfrac{x^3}{3} + c$ (6) $\dfrac{15}{16}x^{\frac{16}{15}} - \dfrac{15}{31}x^{\frac{31}{15}} + c$

   (7) $\dfrac{1}{5}x^5 + \dfrac{1}{3}x^3 + x + c$ (8) $\dfrac{1}{\ln 5}5^x + c$

2. (1) $y = \dfrac{1}{3}x^3 + c$ (2) $y = x^2 + 1$

(3) $y = \dfrac{1}{4}x^4 + \dfrac{1}{2}x^2 + x + c$

(4) $y = \dfrac{2}{3}x^{\frac{3}{2}} + \dfrac{3}{4}x^{\frac{4}{3}} + c$

3. (1) $-\dfrac{1}{x+1} + c$

(2) $\ln|x^2 + 3x + 2| + c$

(3) $-e^{\frac{1}{x}} + c$

(4) $\dfrac{x^3}{3} + x + c$ （提示：$e^{\ln u(x)} = u(x)$）

4.2　不定積分之變數變換

學習目標

■ 判斷哪些不定積分可用變數變換來解答？

■ 透過同一不定積分問題在不同之變數變換之解法，以活絡讀者對不定積分之技巧的體認。

4.2.1　基本變數變換法

　　我們在 4.1 節已提供不定積分之變數變換法之簡單例子，本節將更進一步說明這種技巧一些較複雜之積分問題。適當之變數變換往往是解題的關鍵。

定理 A （不定積分之變數變換），若 g 爲一可微分函數，F 爲 f 之反導函數，取 $u = g(x)$，則 $\int f(g(x))g'(x)\,dx$ $= \int f(u)\,du = F(u) + c = F(g(x)) + c$

證明

$$\because \frac{d}{dx}[F(g(x)) + c]$$

$$= F'(g(x))g'(x)$$

$$= f(g(x))g'(x)$$

$$\therefore \int f(g(x))g'(x)\,dx = F(g(x)) + c \qquad \blacksquare$$

例 1. 求 $\int \sqrt{3x + 5}\,dx = ?$

解

方法一：令 $3x + 5 = u$，則 $3dx = du$

$$\therefore \int \sqrt{3x + 5}\,dx = \int \sqrt{u}\,\frac{1}{3}\,du$$

$$= \frac{1}{3}\int u^{\frac{1}{2}}\,du = \frac{1}{3} \cdot \frac{2}{3}u^{\frac{3}{2}} + c$$

$$= \frac{2}{9}u^{\frac{3}{2}} + c = \frac{2}{9}(3x + 5)^{\frac{3}{2}} + c$$

方法二：令 $\sqrt{3x + 5} = u$，則 $u^2 = 3x + 5$，$\therefore 2u\,du = 3dx$，

$$dx = \frac{2}{3}u\,du$$

得 $\int \sqrt{3x + 5}\,dx = \int u \cdot \frac{2}{3}u\,du = \frac{2}{3}\int u^2\,du$

$$= \frac{2}{3} \cdot \frac{1}{3}u^3 + c = \frac{2}{9}(3x + 5)^{\frac{3}{2}} + c$$

例2. 求 $\int x\sqrt{3x+5}\,dx = ?$

解

方法一：令 $\sqrt{3x+5}=u$，則 $3x+5=u^2$，

$$\because \begin{cases} 3dx=2udu \text{ 得 } dx=\dfrac{2}{3}udu \\ x=\dfrac{1}{3}(u^2-5) \end{cases}$$

$$\therefore \int x\sqrt{3x+5}\,dx = \int \frac{1}{3}(u^2-5)\cdot u\frac{2}{3}u\,du$$

$$=\frac{2}{9}\int(u^4-5u^2)\,du=\frac{2}{9}[\frac{1}{5}u^5-\frac{5}{3}u^3]+c$$

$$=\frac{2}{45}u^5-\frac{10}{27}u^3+c=\frac{2}{45}(3x+5)^{\frac{5}{2}}-\frac{10}{27}(3x+5)^{\frac{3}{2}}+c$$

方法二：取 $3x+5=u$，則 $\begin{cases} 3dx=du \quad dx=\dfrac{1}{3}du \\ x=\dfrac{1}{3}(u-5) \end{cases}$

$$\int x\sqrt{3x+5}\,dx$$

$$=\int \frac{1}{3}(u-5)\cdot u^{\frac{1}{2}}\cdot\frac{1}{3}du$$

$$=\frac{1}{9}\int u^{\frac{3}{2}}-5u^{\frac{1}{2}}du$$

$$=\frac{1}{9}[\frac{2}{5}u^{\frac{5}{2}}-\frac{10}{3}u^{\frac{3}{2}}]+c$$

$$=\frac{2}{45}(3x+5)^{\frac{5}{2}}-\frac{10}{27}(3x+5)^{\frac{3}{2}}+c$$

例3. 求 $\int(x+1)\sqrt{x^2+2x+4}\,dx = ?$

解　令 $u = x^2 + 2x + 4, du = 2(x+1)dx$ 或 $(x+1)dx = \dfrac{1}{2}du$

$\therefore \displaystyle\int (x+1)\sqrt{x^2+2x+4}\,dx = \int \sqrt{x^2+2x+4}\,(x+1)\,dx$

$= \displaystyle\int u^{\frac{1}{2}} \cdot \dfrac{1}{2}du = \dfrac{1}{2} \cdot \dfrac{2}{3}u^{\frac{3}{2}} + c = \dfrac{1}{3}u^{\frac{3}{2}} + c$

$= \dfrac{1}{3}(x^2+2x+4)^{\frac{3}{2}} + c$

例 4.　求 $\displaystyle\int (x^3+2x)(x^4+4x^2+1)^{30}\,dx = ?$

解　令 $u = x^4 + 4x^2 + 1$，則 $du = (4x^3+8x)dx = 4(x^3+2x)dx$

即 $(x^3+2x)dx = \dfrac{1}{4}du$

$\therefore \displaystyle\int (x^3+2x)(x^4+4x^2+1)^{30}\,dx$

$= \displaystyle\int (x^4+4x^2+1)^{30}(x^3+2x)\,dx$

$= \displaystyle\int \dfrac{1}{4}u^{30}\,du = \dfrac{1}{4} \cdot \dfrac{1}{31}u^{31} + c = \dfrac{1}{124}(x^4+4x^2+1)^{31} + c$

隨堂演練 4.2A

1. 求 $\displaystyle\int (x^2+1)\sqrt[3]{x^3+3x+4}\,dx = ?$

2. 求 $\displaystyle\int \sqrt{5x-1}\,dx = ?$

Ans: 1. $\dfrac{1}{4}(x^3+3x+4)^{\frac{4}{3}} + c$　　2. $\dfrac{2}{15}(5x-1)^{\frac{3}{2}} + c$

4.2.2 變數變換法在分式函數、指數函數上之應用

若 $\int \dfrac{g(x)}{f(x)}dx$ 之 $g(x) = kf'(x)$，k 為某個異於 0 之常數，則可取 $u = f(x)$

例5. 求 (1) $\int \dfrac{x^3 + 2x}{x^4 + 4x^2 + 1}dx = ?$　(2) $\int \dfrac{x^3 + 2x}{(x^4 + 4x^2 + 1)^3}dx = ?$

解　令 $u = x^4 + 4x^2 + 1, du = (4x^3 + 8x)dx, \dfrac{1}{4}du = (x^3 + 2x)dx$

(1) $\displaystyle\int \dfrac{x^3 + 2x}{x^4 + 4x^2 + 1}dx = \int \dfrac{du}{4u}$

$\quad = \dfrac{1}{4}ln\ |\ u\ | + c = \dfrac{1}{4}ln|\,x^4 + 4x^2 + 1\,| + c$

(2) $\displaystyle\int \dfrac{x^3 + 2x}{(x^4 + 4x^2 + 1)^3}dx = \int \dfrac{du}{4u^3} = \dfrac{1}{4}\left(\dfrac{1}{-2}\right)u^{-2} + c$

$\quad = -\dfrac{1}{8}u^{-2} + c = -\dfrac{1}{8(x^4 + 4x^2 + 1)^2} + c$

隨堂演練 4.2B

求 1. $\int (x^2 + 1)(x^3 + 3x + 4)^2 dx = ?$

2. $\int (x^2 + 1)/(x^3 + 3x + 4)\,dx = ?$

Ans: 1. $\dfrac{1}{9}(x^3 + 3x + 4)^3 + c$　2. $\dfrac{1}{3}ln|\,x^3 + 3x + 4\,| + c$

若 $\int g(x)e^{f(x)}dx$ 之 $g(x) = kf'(x)$，k 為某個異於 0 之常數，則可取 $u = f(x)$。

例 6. 求 $(1) \int e^{2x}dx = ?$ $(2) \int e^{\frac{x}{3}}dx = ?$

解 (1) 令 $u = 2x$，$du = 2dx$，$dx = \frac{1}{2}du$

$\therefore \int e^{2x}dx = \int e^u \cdot \frac{1}{2}du = \frac{1}{2}\int e^u du = \frac{1}{2}e^u + c = \frac{1}{2}e^{2x} + c$

(2) 令 $u = \frac{x}{3}$，$x = 3u$，$dx = 3du$

$\therefore \int e^{\frac{x}{3}}dx = \int e^u \cdot 3du = 3\int e^u du = 3e^u + c = 3e^{\frac{x}{3}} + c$

例 7. 求 $(1) \int xe^{x^2}dx = ?$ $(2) \int (x + 1)e^{x^2 + 2x + 3}dx = ?$

解 (1) 令 $u = x^2$ 則 $du = 2xdx$，$xdx = \frac{1}{2}du$

$\therefore \int xe^{x^2}dx = \int e^{x^2}x\,dx = \int e^u \frac{1}{2}du = \frac{1}{2}\int e^u du = \frac{1}{2}e^u + c$

$= \frac{1}{2}e^{x^2} + c$

(2) 令 $u = x^2 + 2x + 3$，則 $du = (2x + 2)dx = 2(x + 1)dx$

$(x + 1)dx = \frac{1}{2}du$

$\therefore \int (x + 1)e^{x^2 + 2x + 3}dx = \int e^{x^2 + 2x + 3}(x + 1)dx$

$= \int e^u \frac{1}{2}du = \frac{1}{2}e^u + c = \frac{1}{2}e^{x^2 + 2x + 3} + c$

例 8. 下列哪一個可用代換法求解？

$(1) \int xe^{x^3}dx$ $(2) \int x^2 e^{x^3}dx$ $(3) \int x^3 e^{x^3}dx$ $(4) \int x^4 e^{x^4}dx$

解 (2)：因為上述 4 個子題中只有 $\int x^2 e^{x^3}dx$ 滿足 $\int g(x)e^{f(x)}dx$

$g(x) = kf'(x)$ 之關係

隨堂演練 4.2C

下列各題中何者可用本節代換法，若可，則計算出它們的結果。

(1) $\int \frac{1}{x} e^{\frac{1}{x^2}} dx$　(2) $\int \frac{1}{x^2} e^{\frac{1}{x}} dx$

Ans: (1) 不可用　(2) $-e^{\frac{1}{x}} + c$

例 9.　求 (1) $\int \frac{\ln x}{x} dx$　(2) $\int \frac{(\ln x)^2}{x} dx$

解　(1) 令 $u = \ln x$，則 $du = \frac{1}{x} dx$

$\therefore \int \frac{\ln x}{x} dx = \int u \, du = \frac{1}{2} u^2 + c = \frac{1}{2} (\ln x)^2 + c$

(2) 令 $u = \ln x$ 則 $du = \frac{1}{x} dx$

$\therefore \int \frac{(\ln x)^2}{x} dx = \int u^2 du = \frac{1}{3} u^3 + c = \frac{1}{3} (\ln x)^3 + c$

隨堂演練 4.2D

驗證 $\int \frac{dx}{x \ln x} = \ln|\ln x| + c$

4.2.3　是否所有不定積分均可積出結果？

在求函數 f 之導函數 f' 時，只要 f 是可導，一定可機械地導出它的結果，其所用技巧很小，但積分則不然，有些不定積分就

是硬積不出來。例如除隨堂演練之 $\int \frac{1}{x} e^{\frac{1}{x^2}} dx$ 外，其它還有許多

- $\int \frac{\sqrt{x}}{\ln x} dx$
- $\int \frac{dx}{x'' + x + 3}$
- $\int \sqrt{x^6 + x + 1} dx$

如何判斷哪些不定積分可積出結果，有賴讀者經驗了。

 習題 4.2

1. 求下列各題積分？

(1) $\int x(x^2 + 1)^4 dx$

(2) $\int (x + 1)[(x + 1)^2 + 1]^4 dx$

(3) $\int [(x^2 + 1)/(x^3 + 3x + 4)] dx$

(4) $\int \frac{(2x + 7)}{(x^2 + 7x + 4)^2} dx$

(5) $\int (x + 1) \sqrt[3]{5x^2 + 10x - 2} dx$

(6) $\int \frac{1}{x^2} (\frac{x + 1}{x})^{12} dx$ （提示：$\frac{1}{x^2}(\frac{x + 1}{x})^{12} = \frac{1}{x^2}(1 + \frac{1}{x})^{12}$）

(7) $\int \frac{1}{\sqrt{x}} (1 + \sqrt{x})^5 dx$

(8) $\int x^2 (1 + x^3)^{12} dx$

2. 求下列各題不定積分

(1) $\int \frac{(1 + ln x)}{x} dx$ (2) $\int \frac{dx}{x(ln x)^2}$

解

1. (1) $\dfrac{1}{10}(x^2+1)^5+c$

(2) $\dfrac{1}{10}(x^2+2x+2)^5+c$

(3) $\dfrac{1}{3}ln\mid x^3+3x+4\mid+c$

(4) $-\dfrac{1}{x^2+7x+4}+c$

(5) $\dfrac{3}{40}(5x^2+10x-2)^{\frac{4}{3}}+c$

(6) $-\dfrac{1}{13}(1+\dfrac{1}{x})^{13}+c$

(7) $\dfrac{1}{3}(1+\sqrt{x})^6+c$

(8) $\dfrac{1}{39}(1+x^3)^{13}+c$

2. (1) $\dfrac{1}{2}(1+\ln x)^2+c$

(2) $-\dfrac{1}{ln\mid x\mid}+c$

4.3 定積分

學習目標

■ 對定積分定義有一初步理解，並能解出由定積分定義衍生出來的極限問題

■ 了解微積分基本定理及其相關問題

4.2.1 定積分之幾何意義（註）

將區間 $[a, b]$ 用 $a=x_0<x_1<x_2=b$ 諸點劃分成 n 個子區間（Sub-interval），並選出 n 個點 ε_k，$x_{k-1}\leqq\varepsilon_k\leqq x_k$，

$k = 1, 2, \cdots\cdots n$。令 $\delta = max(x_1 - x_0, x_2 - x_1, \cdots\cdots, x_n - x_{n-1})$。若 $\lim\limits_{\delta \to 0} \sum\limits_{k=1}^{n} f(\varepsilon_k)(x_k - x_{k-1})$ 存在，則 $\int_a^b f(x)\,dx = \lim\limits_{\delta \to 0} \sum\limits_{k=1}^{n} f(\varepsilon_k)(x_k - x_{k-1})$ $= \lim\limits_{\delta \to 0} \sum\limits_{k=1}^{n} f(\varepsilon_k)\Delta x_k$，$\Delta x_k = x_k - x_{k-1}$。這種求和之方式稱為**黎曼和**（Riemann Sum）。

上述之分割形成了 n 個小的矩形。不論是圖 I 或圖 II，$y = f(x)$ 在 $[a, b]$ 中與 x 軸所夾區域之 n 個矩形之面積和，當 n 個子區間為等長度且 $n \to \infty$ 時兩者之面積是相等的。

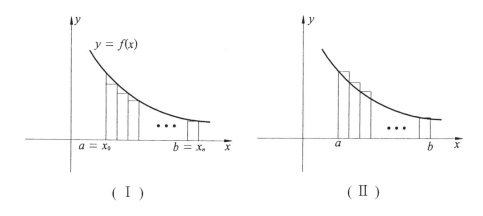

(I) (II)

因為這種逼近法求面積並不是有效率的方法，所以我們只需了解即可而不予舉例說明。

4.3.2　微積分基本定理

如果 $y = f(x)$ 之函數形式很複雜，如 $y = e^x cos3x$ 在 $[a, b]$ 間所夾面積，那麼 4.3.1 節方法顯然不是一個很有效率的方法。下面的**微積分基本定理**（Fundamental Theorem of Calculus）提供

了我們一條解定積分的捷徑。但微積分基本定理之重要性遠大於此，因爲，我們前所談的不定積分，可看做導函數之一個反運算，它和從面積爲出發點之定積分原本是沒有交集的二個分支，但因微積分基本定理卻巧妙地把這二支結合在一起。

定理 A （微積分基本定理）若 $y = f(x)$ 在 $[a, b]$ 中爲連續，$F(x)$ 爲 $f(x)$ 之任何一個反導函數，則 $\int_a^b f(x)\,dx = F(b) - F(a)$。

我們略去證明部分，只舉一些例子說明之。

例 1. 求 $\int_0^1 x^2 dx = ?$

解 $\int_0^1 x^2 dx = \frac{1}{3}x^3\big]_0^1 = \frac{1}{3}[(1)^3 - (0)^3] = \frac{1}{3}$

例 2. 求 $\int_0^{16} \sqrt[4]{x^5}\,dx = ?$

解 $\int_0^{16} \sqrt[4]{x^5}\,dx = \frac{4}{9}x^{\frac{9}{4}}\big]_0^{16} = \frac{4}{9}[16^{\frac{9}{4}} - 0^{\frac{9}{4}}] = \frac{4}{9}[(2^4)^{\frac{9}{4}} - 0] = \frac{4}{9}(2^9)$

例 3. 求 $\int_0^{ln3} e^x dx = ?$

解 $\int_0^{ln3} e^x dx = e^x\big]_0^{ln3} = e^{ln3} - e^0 = 3 - 1 = 2$

例 4. 求 $\int_1^{e^4} \frac{1}{x}\,dx = ?$

解 $\int_1^{e^4} \frac{1}{x}\,dx = ln\,|\,x\,|\,]_1^{e^4} = ln\,e^4 - ln\,1 = 4 - 0 = 4$

求 $\int_1^e \frac{(1+x)^2}{x}dx = ?$

Ans: $\frac{e^2}{2} + 2e - \frac{3}{2}$

4.3.3 定積分之基本性質

由微積分基本定理可導出以下幾個定積分基本性質：

推論 A1

1. $\int_b^a f(x)dx = -\int_a^b f(x)dx$

2. $\int_a^a f(x)dx = 0$

3. $\int_a^b f(x)dx = \int_a^c f(x)dx + \int_c^b f(x)dx$，$c$ 為 $[a, b]$ 中之一點

4. $\frac{d}{dx}\int_a^x f(z)dz = f(x)$

證明

1. $\int_a^b f(x)dx = F(b) - F(a)$

   $\int_b^a f(x)dx = F(a) - F(b) = -(F(b) - F(a)) = -\int_a^b f(x)dx$

   $\therefore \int_b^a f(x)dx = -\int_a^b f(x)dx$

2. $\int_a^a f(x)dx = F(a) - F(a) = 0$

3. $\int_a^c f(x)dx + \int_c^b f(x)dx = (F(c) - F(a)) + (F(b) - F(c))$

   $= F(b) - F(a) = \int_a^b f(x)dx$

4. $\dfrac{d}{dx}\displaystyle\int_a^x f(z)dz = \dfrac{d}{dx}(F(x) - F(a)) = f(x)$

推論 A2　$g(x)$ 及 $h(x)$ 均為 x 之可微分函數，則

1. $\dfrac{d}{dx}\displaystyle\int_a^{g(x)} f(t)dt = f(g(x))g'(x)$

2. $\dfrac{d}{dx}\displaystyle\int_{h(x)}^{g(x)} f(t)dt = f(g(x))g'(x) - f(h(x))h'(x)$

證明　1. $\dfrac{d}{dx}\displaystyle\int_a^{g(x)} f(t)dt = \dfrac{d}{dx}[F(g(x)) - F(a)] = f(g(x))g'(x)$

　　　2. 留做練習第 5 題。

例 5.　驗證 $\dfrac{d}{dx}\displaystyle\int_0^x t^5 dt = x^5$。

解

方法一：$\because \displaystyle\int_0^x t^5 dt = \dfrac{1}{6}t^6 \Big]_0^x = \dfrac{1}{6}x^6$

　　　$\therefore \dfrac{d}{dx}\displaystyle\int_0^x t^5 dt = \dfrac{d}{dx}(\dfrac{1}{6}x^6) = x^5$

方法二：直接用性質 4.

　　　$\dfrac{d}{dx}\displaystyle\int_0^x t^5 dt = x^5$

例 6.　$F(x) = \displaystyle\int_2^x \dfrac{e^t}{t^2}dt$，求 $\dfrac{d}{dx}F(x)$

解　$\dfrac{d}{dx}F(x) = \dfrac{d}{dx}\displaystyle\int_2^x \dfrac{e^t}{t^2}dt$

　　　　　$= \dfrac{e^x}{x^2}$

例 7. 求 $\dfrac{d}{dx} \displaystyle\int_{x^2+1}^{e^x+1} \dfrac{1}{t^2}\,dt$

解
$$\dfrac{d}{dx} \int_{x^2+1}^{e^x+1} \dfrac{1}{t^2}\,dt = \dfrac{d}{dx}\left(F(e^x+1) - F(x^2+1)\right)$$

$$= f(e^x+1)\dfrac{d}{dx}(e^x+1) - f(x^2+1)\dfrac{d}{dx}(x^2+1)$$

$$= e^x f(e^x+1) - 2x f(x^2+1)$$

$$= \dfrac{e^x}{(e^x+1)^2} - \dfrac{2x}{(x^2+1)^2}$$ ∎

隨堂演練 4.3B

驗證 $\dfrac{d}{dx} \displaystyle\int_0^{x^2} t e^{t^3}\,dt = 2x^3 e^{x^6}$。

 **習題 4.3**

1. 計算下列各題：

   (1) $\displaystyle\int_0^1 (x^2+a^2)x\,dx$ (2) $\displaystyle\int_0^1 (x+2)^2\,dx$ (3) $\displaystyle\int_{-1}^1 x^2\,dx$

   (4) $\displaystyle\int_{-a}^a (x+x^3)\,dx$ (5) $\displaystyle\int_0^1 5^x\,dx$ (6) $\displaystyle\int_{-2}^3 10^x\,dx$

2. 計算下列各題：

   (1) $\dfrac{d}{dx} \displaystyle\int_0^x \sqrt{1+z^3}\,dz$ (2) $\dfrac{d}{dx} \displaystyle\int_0^{x^2} \sqrt{1+z^3}\,dz$

   (3) $\dfrac{d}{dx} \displaystyle\int_0^{x^2} \dfrac{e^t}{t}\,dt$ (4) $\dfrac{d}{dx} \displaystyle\int_1^0 \dfrac{1}{z} 2^z\,dz$

3. 計算下列各題：

(1) $\displaystyle\lim_{x\to 0}\dfrac{\displaystyle\int_0^x \dfrac{t^2}{1+t^4}dt}{x^3}$

(2) $\dfrac{d}{dx}\displaystyle\int_{\frac{1}{x}}^x \dfrac{1}{t}dt$

(3) $\dfrac{d}{dx}\Big[\displaystyle\int_0^{x^2}\sqrt{1+t^2}dt\Big]\Big|_{x=1}$

(4) $\displaystyle\lim_{h\to 0}\dfrac{\displaystyle\int_x^{x+h}\dfrac{1}{u+\sqrt{u^2+1}}du}{h}$

(5) $\displaystyle\lim_{h\to 0}\dfrac{\displaystyle\int_x^{x+h}e^{t^2}dt}{h}$

(6) $\displaystyle\lim_{x\to e}\dfrac{\displaystyle\int_x^e \dfrac{\ln t}{t}dt}{x-e}$

(7) $\dfrac{d}{dx}\Big(\displaystyle\int_{-\sqrt{x}}^{\sqrt{x}}e^{\frac{t^2}{2}}dt\Big)$

(8) $F(x)=\displaystyle\int_0^{\ln x}e^{t^2}dt$，求 $f'(1)$

4. 計算

$$\int_0^2 |x-1|\,dx$$

5. 試證推論 A2 之 $\dfrac{d}{dx}\displaystyle\int_{h(x)}^{g(x)}f(t)dt=f(g(x))g'(x)-f(h(x))h'(x)$

解

1. (1) $\dfrac{1}{4}+\dfrac{a^2}{2}$　(2) $\dfrac{19}{3}$　(3) $\dfrac{2}{3}$　(4) 0　(5) $\dfrac{4}{\ln 5}$

(6) $\dfrac{1}{\ln 10}(10^3-10^{-2})$

2. (1) $\sqrt{1+x^3}$　(2) $2x\sqrt{1+x^6}$　(3) $\dfrac{2e^{x^2}}{x}$

(4) 0（提示：$\displaystyle\int_1^0 \dfrac{1}{z}e^z dz$ 為常數）

3. (1) $\dfrac{1}{3}$　(2) $\dfrac{2}{x}$　(3) $2\sqrt{2}$　(4) $\dfrac{1}{x+\sqrt{x^2+1}}$　(5) e^{x^2}（提示：

微分定義）　(6) $\dfrac{-1}{e}$（提示：L' Hospital 法則）

$(7)\ \dfrac{1}{\sqrt{x}}e^{\frac{x}{2}}$，$x>0$　$(8)\ 1$

4.1

4.4　定積分之變數變換

學習目標

■ 定積分變數變換之基本技巧。

■ 了解奇函數、偶函數以及它的定義域一定要對稱原點之特性。

■ 積分式之奇、偶性在計算 $\int_{-a}^{a}f(x)dx$ 時之應用。

4.4.1　基本解法

 定理 A　若函數 g' 在 $[a, b]$ 中為連續，且 f 在 g 之值域中為連續，取 $u = g(x)$，則 $\int_{a}^{b}f\left[g(x)\right]g'(x)\,dx = \int_{g(a)}^{g(b)}f(u)\,du$。

證明

由微積分基本定理：

$$\int_{g(a)}^{g(b)} f(u)\,du = F[g(b)] - F[g(a)] \tag{1}$$

$$又 \int_a^b f[g(x)]\,g'(x)\,dx = F[g(x)]\,]_a^b$$

$$= F[g(b)] - F[g(a)] \tag{2}$$

比較 (1)、(2) 二式，得：

$$\int_a^b f[g(x)]\,g'(x)\,dx = \int_{g(a)}^{g(b)} f(u)\,du \qquad\blacksquare$$

定理 A 可圖解如下：

例 1. 求 $\int_1^2 xe^{x^2}dx = ?$

解 取 $u = x^2$，$du = 2xdx$；$\int_1^2 \xrightarrow{u = x^2} \int_1^4$

$$\int_1^2 xe^{x^2}dx = \int_1^4 \frac{1}{2}e^u\,du = \frac{1}{2}e^u]_1^4 = \frac{1}{2}(e^4 - e)$$

若在例 1.，我們取 $v = e^{x^2}$ 作變數變換，那麼積分結果如何？

$$dv = 2xe^{x^2}，\int_1^2 \xrightarrow{u = e^{x^2}} \int_e^{e^4}$$

$$\therefore \int_1^2 xe^{x^2}dx = \int_e^{e^4}\frac{1}{2}dv = \frac{1}{2}v]_e^{e^4} = \frac{1}{2}(e^4 - e)$$

結果與例 1. 相同。這說明了定積分之變數變換方法不只一種，但最後結果應相同。

例 2. 求 $\int_0^1 (1 + \sqrt{x})^3\,dx = ?$

解

方法一：我們用本節之方法：令 $u = \sqrt{x}$，$dx = 2udu$，$\displaystyle\int_0^1 \xrightarrow{u=\sqrt{x}} \int_0^1$

$$\therefore \int_0^1 (1 + \sqrt{x})^3 dx = \int_0^1 (1 + u)^3 2udu$$

$$= 2\int_0^1 (u + 1 - 1)(1 + u)^3 du$$

$$= 2[\int_0^1 (1 + u)^4 - (1 + u)^3 du]$$

$$= 2[\frac{1}{5}(1 + u)^5 - \frac{1}{4}(1 + u)^4]_0^1$$

$$= 2[\frac{1}{5}(2^5 - 1) - \frac{1}{4}(2^4 - 1)] = 2(\frac{31}{5} - \frac{15}{4}) = \frac{49}{10}$$

方法二：令 $u = \sqrt{x} + 1$，$x = (u - 1)^2$，$\therefore dx = 2(u - 1)du$，

$$\int_0^1 \xrightarrow{u = \sqrt{x} + 1} \int_1^2$$

$$\therefore \int_0^1 (1 + \sqrt{x})^3 dx = \int_1^2 u^3 \cdot 2(u - 1) du = 2\int_1^2 (u^4 - u^3) du$$

$$= 2[(\frac{u^5}{5} - \frac{u^4}{4})]_1^2 = 2(\frac{31}{5} - \frac{15}{4}) = \frac{49}{10}$$

例 3. 求 $\displaystyle\int_{e^2}^{e^4} \frac{dx}{x(lnx)} = ?$

解　　令 $u = lnx$ 則 $du = \dfrac{dx}{x}$，$\displaystyle\int_{e^2}^{e^4} \xrightarrow{u = lnx} \int_2^4$

$$\therefore \int_{e^2}^{e^4} \frac{dx}{x(lnx)} = \int_2^4 \frac{du}{u} = ln\mid u \mid]_2^4 = ln4 - ln2 = ln2$$

　　在定積分計算中，我們需注意的是 $\displaystyle\int_a^b f(x) dx$ 中之 x 是一個啞變數（Dummy Variable），因此　可被其他字母取代，並不會影響到定積分值，亦即 $\displaystyle\int_a^b f(x) dx = \int_a^b f(t) dt = \int_a^b f(u) du = \cdots\cdots$。

隨堂演練 4.4A

求 $\int_0^1 (x+1)\sqrt{x^2+2x+3}\,dx = ?$

Ans: $\dfrac{1}{3}(6^{\frac{3}{2}} - 3^{\frac{3}{2}})$

4.4.2 $\int_{-a}^{a} f(x)\,dx$

定理 B 設 f 爲一奇函數（即 f 滿足 $f(-x) = -f(x)$）則 $\int_{-a}^{a} f(x)\,dx = 0$。

證明

$$\int_{-a}^{a} f(x)\,dx = \int_{-a}^{0} f(x)\,dx + \int_{0}^{a} f(x)\,dx \cdots\cdots\cdots\cdots(1)$$

現在我們要證明 $\int_{-a}^{0} f(x)\,dx = -\int_{0}^{a} f(x)\,dx$：

$$\int_{-a}^{0} f(x)\,dx \xlongequal{y=-x} \int_{a}^{0} f(-y)(-dy)$$

$$= -\int_{a}^{0} f(-y)\,dy = \int_{0}^{a} f(-y)\,dy = -\int_{0}^{a} f(y)\,dy$$

$$= -\int_{0}^{a} f(x)\,dx \cdots\cdots\cdots\cdots\cdots\cdots\cdots(2)$$

代 (2) 入 (1) 得，f 爲奇函數時 $\int_{-a}^{a} f(x)\,dx = 0$ ∎

| 定理 C | 設 f 為一偶函數（即 f 滿足 $f(-x) = f(x)$）則 $\int_{-a}^{a} f(x)\,dx = 2\int_{0}^{a} f(x)\,dx$。 |

證明

$$\int_{-a}^{a} f(x)\,dx = \int_{-a}^{0} f(x)\,dx + \int_{0}^{a} f(x)\,dx$$

現在我們要證明的是 $\int_{-a}^{0} f(x)\,dx = \int_{0}^{a} f(x)\,dx$：

$$\int_{-a}^{0} f(x)\,dx \xrightarrow{y=-x} \int_{a}^{0} f(-y)\,d(-y)$$

$$= -\int_{a}^{0} f(-y)\,dy = \int_{0}^{a} f(-y)\,dy = \int_{0}^{a} f(y)\,dy = \int_{0}^{a} f(x)\,dx$$

$$\therefore f(x) \text{ 為偶函數時，} \int_{-a}^{a} f(x)\,dx = 2\int_{0}^{a} f(x)\,dx \qquad \blacksquare$$

$f(x)$ 在 $[-a, a]$ 之奇偶性，在求 $\int_{-a}^{a} f(x)\,dx$ 這類定積分很有幫助。

例 4. 求 $\int_{-3}^{3} |x|\,dx = ?$

解 積分式 $f(x) = |x|$ 有 $f(-x) = |-x| = |x| = f(x)$，

$\therefore f(x) = |x|$ 為一偶函數

由定理 C 知 $\int_{-3}^{3} |x|\,dx = 2\int_{0}^{3} x\,dx = 2 \cdot \frac{x^2}{2}\Big]_{0}^{3} = 9$

例 5. 求 $\int_{-1}^{1} (2x^5 + 4x^4 + x + 3)\,dx = ?$

解 $\int_{-1}^{1} (2x^5 + 4x^4 + x + 3)\,dx$

$= 2\underset{\text{奇}}{\int_{-1}^{1} x^5\,dx} + 4\underset{\text{偶}}{\int_{-1}^{1} x^4\,dx} + \underset{\text{奇}}{\int_{-1}^{1} x\,dx} + \underset{\text{偶}}{\int_{-1}^{1} 3\,dx}$

$$= 2 \cdot 0 + 4 \cdot 2 \int_0^1 x^4 dx + 0 + 2 \int_0^1 3 dx$$

$$= 0 + 8 \cdot \frac{x^5}{5} \Big]_0^1 + 0 + 6 \cdot x \Big]_0^1$$

$$= 0 + \frac{8}{5} + 0 + 6 = \frac{38}{5}$$

例 6.　求 $\displaystyle\int_{-4}^4 \frac{x^5 + x^3}{1 + x^2 + x^4} dx$

解　$f(x) = \dfrac{x^5 + x^3}{1 + x^2 + x^4}$ 則

$$f(-x) = \frac{(-x)^5 + (-x)^3}{1 + (-x)^2 + (-x)^4} = \frac{-x^5 - x^3}{1 + x^2 + x^4} = -f(x)$$

$f(x)$ 在〔$-4, 4$〕為奇函數

$$\therefore \int_{-4}^4 \frac{x^5 + x^3}{1 + x^2 + x^4} = 0$$

隨堂演練 4.4B

求 $\displaystyle\int_{-1}^1 \frac{x|x|}{1 + x^2} dx$

Ans: 0

 習題 4.4

1. 計算：

(1) $\displaystyle\int_0^1 \sqrt[3]{1 + 3x}\, dx$

(2) $\displaystyle\int_0^1 x(x^2 + 1)^3 dx$

(3) $\int_{-2}^{2} x\sqrt{x+2}\,dx$

(4) $\int_{-5}^{0} (x+5)^{10}\,dx$

(5) $\int_{0}^{1} \dfrac{(x+1)^2}{x^3+3x^2+3x+7}\,dx$ （提示：$y = x^3 + 3x^2 + 3x + 7$）

(6) $\int_{0}^{2} x\sqrt{4-x^2}\,dx$

2. 試說明下列定積分值為 0：

(1) $\int_{-1}^{1} \dfrac{x}{x^4+1}\,dx$ (2) $\int_{-1}^{1} (x^3-3x)^{\frac{1}{3}}\,dx$

(3) $\int_{-1}^{1} \dfrac{x^7+x^5}{x^4+1}\,dx$ (4) $\int_{-1}^{1} x\mid x\mid\,dx$

3. 證明：$\int_{0}^{1} x^m (1-x)^n\,dx = \int_{0}^{1} x^n (1-x)^m\,dx$

（提示：取 $y = 1-x$）

4. 計算 $\int_{0}^{\ln 3} e^x \sqrt{1+e^x}\,dx$

5. 求證 $\int_{-a}^{a} (f(x)+f(-x))\,dx = 2\int_{0}^{a} (f(x)+f(-x))\,dx$，$a > 0$

解

1. (1) $\dfrac{1}{4}(4^{\frac{4}{3}}-1)$ (2) $\dfrac{15}{8}$ (3) $\dfrac{32}{15}$

    (4) $\dfrac{1}{11}(5^{11})$ (5) $\dfrac{1}{3}\ln 2$ (6) $\dfrac{8}{3}$

4. $\dfrac{1}{3}(16 - 4\sqrt{2})$

4.5 分部積分

學習目標

本節與下節在美式微積分教材同列「積分技巧」（Integral Technique），因此是較難的部分，它需要練習累積技巧，因此學習上應：

- 根據題型解題。
- 在分部積分前有時需變數變換。
- 能變數變換解決的積分問題應優先用變數變換。
- 4.5.2 之速解法不是正規解法，讀者在考試時，除非是選擇、填充題外，儘量避免。

4.5.1 分部積分之基本解法

由微分之乘法法則得知：若 u、v 為 x 之可微分函數則有：

$$\frac{d}{dx}uv = u\frac{d}{dx}v + v\frac{d}{dx}u \quad \therefore u\frac{d}{dx}v = \frac{d}{dx}uv - v\frac{d}{dx}u$$

兩邊同時對 x 積分可得 $\int udv = uv - \int vdu$。

分部積分之想法雖然簡單，但在實作上，往往需經驗，以下歸納一些規則以供參考。

 $\int x^m e^{nx}dx$

$$\int x^m e^{nx} dx = \int x^m d\frac{1}{n} e^{nx} \cdots\cdots$$

例 1. 求 (1) $\int xe^x dx = ?$ (2) $\int xe^{x^2} dx = ?$

解   (1) $\int xe^x dx = \int x de^x$

$$= xe^x - \int e^x dx$$

$$= xe^x - e^x + c$$

(2) $\int xe^{x^2} dx$ 可用變數變換（取 $u = x^2$）即可求解，而無須用本節方法。請參考 4.3 節例 7(1)。

    因此，在應用分部積分法前，同學應先判斷是否可用變數積分法求解，如果可用變數變換法直接求解，自不需應用本節方法。

例 2. 求 $\int xe^{3x} dx = ?$

解

方法一：$\int xe^{3x} dx = \int x d\frac{1}{3} e^{3x} = \frac{1}{3} xe^{3x} - \int \frac{1}{3} e^{3x} dx$

$$= \frac{1}{3} xe^{3x} - \frac{1}{9} e^{3x} + c$$

方法二：我們可令 $u = 3x$，則 $\frac{1}{3} du = dx$

$$\therefore \int xe^{3x} dx = \int \frac{u}{3} e^u \cdot \frac{1}{3} du = \frac{1}{9} \int ue^u du = \frac{1}{9} \int u de^u$$

$$= \frac{1}{9} (ue^u - \int e^u du) = \frac{1}{9} (ue^u - e^u) + c$$

$$= \frac{1}{9}(3xe^{3x} - e^{3x}) + c$$

$$= \frac{x}{3}e^{3x} - \frac{1}{9}e^{3x} + c$$

　　我們同時也可從例 2. 之方法二得到一個啓示，即解分部積分法時，往往可考慮先從變數變換著手。

隨堂演練 4.5A

驗證 $\int xe^{2x}dx = \frac{1}{2}xe^{2x} - \frac{1}{4}e^{2x} + c$。

題型 $\int x^n (lnx)^m dx$，

$$\int x^n (lnx)^m dx = \int (lnx)^m d\frac{x^{n+1}}{n+1} \cdots\cdots$$

例 3. 求 (1) $\int xlnxdx = ?$　　(2) $\int lnxdx = ?$

解 (1) $\int xlnxdx = \int lnxd\frac{x^2}{2}$

$$= \frac{x^2}{2}lnx - \int \frac{x^2}{2}dlnx = \frac{x^2}{2}lnx - \int \frac{x^2}{2} \cdot \frac{1}{x}dx$$

$$= \frac{x^2}{2}lnx - \int \frac{x}{2}dx = \frac{x^2}{2}lnx - \frac{x^2}{4} + c$$

(2) $\int (lnx)dx = xlnx - \int xd(lnx) = xlnx - \int x \cdot \frac{1}{x}dx$

$$= xlnx - x + c$$

例 4. 求 $\int xln2xdx = ?$

解　$\int x ln2x dx = \int x(ln2 + lnx)dx = ln2\int x dx + \int xlnx dx$

$= (\frac{1}{2}ln2)x^2 + \frac{x^2}{2}lnx - \frac{x^2}{4} + c$（由例 $3.(1)$）

隨堂演練 4.5B

驗證 $\int x^2lnx dx = \frac{x^3}{3}lnx - \frac{x^3}{9} + c$。

例 5.　求 $\int_1^e lnx dx$

解　$\int_1^e lnx dx = xlnx\Big]_1^e - \int_1^e x dlnx$

$= (elne - 1ln1) - \int_1^e x \cdot \frac{1}{x}dx$

$= e - \int_1^e dx = e - (e - 1) = 1$

以上都是分部積分之標準解法。

4.5.2　分部積分之速解法

在本子節我們介紹所謂的速解法。

有些分部積分法問題 $\int fg dx$ 是可藉助速解法迅速得解，速解法是由二個直欄組成，左欄是由 $f, f', f''\cdots\cdots$，右欄是由 g 開始不斷地積分，Ig 表示 $\int g\, dx$ 但不計積分常數，$I^2g = I(Ig)\cdots\cdots$ $I^{k-1}g, I^kg$，一旦 $f^{(k)} = 0$（$f^{(k-1)} \neq 0$），我們便可讀出積分結果（在下表之斜線部分表示相乘，連續之 $+$，$-$號表示乘積之正負號，

由下表可看出是由＋號開始正負相間）。

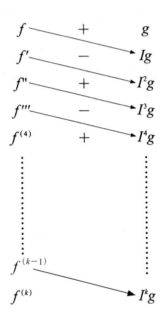

我們舉一些簡單的例子來說明。

例6. 以速解法求 (1) $\int xe^x dx$（例 1. (1)）$= ?$ (2) $\int xe^{3x}dx$（例2.）

$= ?$

解　(1) $\int xe^x dx$

$= xe^x - e^x + c$

(2) $\int xe^{3x}dx$

$= \dfrac{1}{3}xe^{3x} - \dfrac{1}{9}e^{3x} + c$

例7. 求 $\int_e^{e^2} (\ln x)^2 dx = ?$

解　　取 $y = lnx$，則 $x = e^y$，$dx = e^y dy$，$\int_e^{e^2}$ $\xrightarrow{\ y = \ln x\ }$ $\int_1^2$

$\therefore \int_e^{e^2} (\ln x)^2 dx = \int_1^2 y^2 e^y dy$

$= (y^2 - 2y + 2) e^y \big]_1^2 = 2e^2 - e$

⃝隨⃝堂⃝演⃝練 4.5C

用速解法重解 $\int x^2 \ln x dx$

Ans: $\dfrac{x^3}{3} \ln x - \dfrac{x^3}{9} + C$

習題 4.5

1. 計算下列各題之值：

(1) $\int x e^{ax} dx$，$a \neq 0$　　(2) $\int x e^{-x} dx$

(3) $\int_0^1 x^2 e^x dx$　　(4) $\int x \ln(x-1) dx$

(5) $\int x^2 \ln x dx$　　(6) $\int x^3 e^{x^2} dx$

(7) $\int (x^2 + 2x + 3) e^x dx$　　(8) $\int_1^2 \log x\, dx$

2. 求：(1) $\int \sqrt{x} \ln x\, dx$（取 $y = \sqrt{x}$）　　(2) $\int e^{\sqrt{x}} dx$（取 $u = \sqrt{x}$）

3. 試證 $\int x^n e^x dx = x^n e^x - n \int x^{n-1} e^x dx$，並以此求 $\int x^3 e^x dx$

解

1. (1) $\dfrac{x}{a} e^{ax} - \dfrac{1}{a^2} e^{ax} + c$　　(2) $-(x+1)e^{-x} + c$

(3) $e - 2$　　(4) $\dfrac{1}{2}(x^2 - 1) \ln|x-1| - \dfrac{1}{4}x^2 - \dfrac{1}{2}x + c$

(5) $\dfrac{1}{3}x^3 \ln x - \dfrac{1}{9}x^3 + c$ (6) $\dfrac{1}{2}(x^2 - 1)e^{x^2} + c$

(7) $(x^2 + 3)e^x + c$ (8) $\dfrac{1}{\ln 10}(2\ln 2 - 1)$

2. (1) $\dfrac{2}{3}x^{\frac{3}{2}} \ln x - \dfrac{4}{9}x^{\frac{3}{2}} + c$ (2) $2(\sqrt{x} - 1)e^{\sqrt{x}} + c$

3. $(x^3 - 3x^2 + 6x - 6)e^x + c$

4.6　有理分式積分法

學習目標

■ 有理分式積分法在應用前應先判斷它是否可用變數變換法直接解出，若是，就先用變數變換法

■ 有理分式積分法之核心是部分分式。記住，我們用部分分式只是為了能將有理分式化成若干小分式，以便順利解出積分，因此，不必一定用傳統代數之部分分式。因此我們另介紹一些方法：

• 黑維賽德法（Heaviside 方法）

• 微分法（見例 3 方法三）

　　有理分式之積分 $\displaystyle\int \dfrac{f(x)}{g(x)}dx$ 其中

$$f(x) = a_n x^n + a_{n-1} x^{n-1} + \cdots\cdots + a_1 x + a_0$$

$$g(x) = b_m x^m + b_{m-1} x^{m-1} + \cdots\cdots + b_1 x + b_0$$

我們可將 $\dfrac{f(x)}{g(x)}$ 化為部分分式後再逐次積分，其分解之步驟大致如下：

⑴若 $f(x)$ 的次數較 $g(x)$ 為高，則化 $\dfrac{f(x)}{g(x)} = h(x) + \dfrac{t(x)}{g(x)}$

⑵將 $g(x)$ 化成一連串不可化約式（Irreducible Factors）之積：

 • 分項之分母為 $(a + bx)^k$ 時：

$$\frac{A_1}{a + bx} + \frac{A_2}{(a + bx)^2} + \cdots\cdots + \frac{A_k}{(a + bx)^k}$$

 • 分項之分母為 $(a + bx + cx^2)^p$ 時：

$$\frac{B_1 x + C_1}{a + bx + cx^2} + \frac{B_2 x + C_2}{(a + bx + cx^2)^2} + \cdots\cdots + \frac{B_p x + C_p}{(a + bx + cx^2)^p}$$

 以此類推其餘

⑶可透過比較係數法、二邊同時微分以得到所要之係數。記住：我們採部分分式的目的是將原來之有理分式切割成若干個小塊，以便積分。因此方法上可不拘一格。

黑維賽德法

為了便於說明起見，我們假設 $\dfrac{f(x)}{(x - \alpha)(x - \beta)}$ 且多項式 $f(x)$ 之次數 < 2 之情況，然後再看一些較複雜之情形。

令 $\dfrac{f(x)}{(x - \alpha)(x - \beta)} = \dfrac{A}{x - \alpha} + \dfrac{B}{x - \beta}$

兩邊同乘 $(x - \alpha)(x - \beta)$ 得

$$f(x) = A(x - \beta) + B(x - \alpha)$$

令 $x = \alpha$ 得 $A = \dfrac{f(\alpha)}{\alpha - \beta}$

令 $x = \beta$ 得 $B = \dfrac{f(\beta)}{\beta - \alpha}$

上面的結果，我們可有下列之視察法：

$$\frac{f(x)}{(x - \alpha)(x - \beta)} = \frac{A}{x - \alpha} + \frac{B}{x - \beta}$$

$A = \dfrac{f(\alpha)}{\alpha - \beta}$ 相當於代 $x = \alpha$ 入 $\dfrac{f(x)}{\boxed{}(x - \beta)}$

$B = \dfrac{f(\beta)}{\beta - \alpha}$ 相當於代 $x = \beta$ 入 $\dfrac{f(x)}{(x - \alpha)\boxed{}}$

設

$$\frac{f(x)}{g(x)} = \frac{f(x)}{(x - \alpha)(x - \beta)(x - \gamma)} = \frac{A}{x - \alpha} + \frac{B}{x - \beta} + \frac{C}{x - \gamma} ,$$

$f(x)$ 之次數 < 3，

$$A(x - \beta)(x - \gamma) + B(x - \alpha)(x - \gamma) + C(x - \alpha)(x - \beta) = f(x)$$

$$f(\alpha) = A(\alpha - \beta)(\alpha - \gamma)$$

$$\therefore A = \frac{f(\alpha)}{(\alpha - \beta)(\alpha - \gamma)}$$

$$f(\beta) = B(\beta - \alpha)(\beta - \gamma) \quad \therefore B = \frac{f(\beta)}{(\beta - \alpha)(\beta - \gamma)}$$

$$f(\gamma) = C(\gamma - \alpha)(\gamma - \beta) \quad \therefore C = \frac{f(\gamma)}{(\gamma - \alpha)(\gamma - \beta)}$$

因此我們可將 A，B，C 求法圖解如下：

A： $\dfrac{f(x)}{\boxed{}(x - \beta)(x - \gamma)} \leftarrow$ 代 $x = \alpha$ $\quad \therefore A = \dfrac{f(\alpha)}{(\alpha - \beta)(\alpha - \gamma)}$

B： $\dfrac{f(x)}{(x - \alpha)\boxed{}(x - \gamma)} \leftarrow$ 代 $x = \beta$ $\quad \therefore B = \dfrac{f(\beta)}{(\beta - \alpha)(\beta - \gamma)}$

$$C : \frac{f(x)}{(x-\alpha)(x-\beta)\boxed{}} \leftarrow 代\ x = \gamma \quad \therefore C = \frac{f(\gamma)}{(\gamma-\alpha)(\gamma-\beta)}$$

若 $\dfrac{f(x)}{(ax+b)(x-\beta)(x-c)} = \dfrac{A}{ax+b} + \cdots$ 時，代 $x = -\dfrac{b}{a}$ 入

$$\frac{f(x)}{\boxed{}(x-\beta)(x-c)} 以得到\ A$$

以上的方法稱為 **Heaviside** 方法（Meaviside Cover-up method）

例 1. 求 $\displaystyle\int \frac{x+3}{(x+1)(x-2)} dx$

解 $\dfrac{x+3}{(x+1)(x-2)} = \dfrac{A}{x+1} + \dfrac{B}{x-2}$

A：代 $x = -1$ 入 $\dfrac{x+3}{\boxed{}(x-2)}$ 得 $A = -\dfrac{2}{3}$

B：代 $x = 2$ 入 $\dfrac{x+3}{(x+1)\boxed{}}$ 得 $B = \dfrac{5}{3}$

$\therefore \displaystyle\int \frac{x+3}{(x+1)(x-2)} dx = -\frac{2}{3}\int \frac{dx}{x+1} + \frac{5}{3}\int \frac{dx}{x-2}$

$\qquad = -\dfrac{2}{3}\ln|x+1| + \dfrac{5}{3}\ln|x-2| + C$

例 2. $\displaystyle\int \frac{2x+1}{(x-2)(3x+1)} dx$

解 $\dfrac{2x+1}{(x-2)(3x+1)} = \dfrac{A}{x-2} + \dfrac{B}{3x+1}$

A：代 $x = 2$ 入 $\dfrac{2x+1}{\boxed{}(3x+1)}$ 得 $A = \dfrac{5}{7}$

B：代 $x = -\dfrac{1}{3}$ 入 $\dfrac{2x+1}{(x-2)\boxed{}}$ 得 $B = -\dfrac{1}{7}$

$$\therefore \int \frac{2x+1}{(x-2)(3x+1)}dx$$

$$= \frac{5}{7}\int \frac{dx}{x-2} - \frac{1}{7}\int \frac{dx}{3x+1}$$

$$= \frac{5}{7}\ln|x-2| - \frac{1}{21}\ln|3x+1| + C$$

隨堂演練 4.6A

驗證 $\displaystyle\int \frac{x+4}{x^2+5x-6}dx = \frac{2}{7}\ln|x+6| + \frac{5}{7}\ln|x-1| + c$

例3. 求 $\displaystyle\int \frac{2x^2+3x+1}{(x-1)^3}dx$

方法一：

利用綜合除法

$$\frac{2x^2+3x+1}{(x-1)^3} = \frac{2}{x-1} + \frac{7}{(x-1)^2}$$
$$+ \frac{6}{(x-1)^3}$$

$$\therefore \int \frac{2x^2+3x+1}{(x-1)^3}dx = 2\int \frac{dx}{x-1}$$

$$+ 7\int \frac{dx}{(x-1)^2} + 6\int \frac{dx}{(x-1)^3}$$

$$= 2\ln|x-1| - \frac{7}{x-1} - \frac{3}{(x-1)^2} + C$$

用綜合除法求 $\dfrac{A}{x-1} +$

$\dfrac{B}{(x-1)^2} + \dfrac{C}{(x-1)^3}$ 之係數

$$\begin{array}{r|l}
2 \quad 3 \quad 1 & \\
\quad 2 \quad 5 & 1 \\
\hline
2 \quad 5 & \quad 6 \rightarrow \dfrac{1}{(x-1)^3} \text{係數} \\
\quad 2 & 1 \\
\hline
& 7 \rightarrow \dfrac{1}{(x-1)^2} \text{係數} \\
2 & \\
& \rightarrow \dfrac{1}{x-1} \text{係數}
\end{array}$$

方法二：

$$\frac{2x^2+3x+1}{(x-1)^3} = \frac{A}{x-1} + \frac{B}{(x-1)^2} + \frac{C}{(x-1)^3}$$

$$\therefore 2x^2+3x+1 = A(x-1)^2 + B(x-1) + C$$

令 $x=1$ 得 $C=6$，代入上式移項

$2x^2 + 3x - 5 = A(x-1)^2 + B(x-1)$

$2x + 5 = A(x-1) + B$　由比較係數法：$A = 2$，$B = 7$

$\int \dfrac{2x^2 + 3x + 1}{(x-1)^3} dx = 2 \int \dfrac{dx}{x-1} + 7 \int \dfrac{dx}{(x-1)^2} + 6 \int \dfrac{dx}{(x-1)^3}$

$= 2\ln|x-1| - \dfrac{7}{x-1} - \dfrac{3}{(x-1)^2} + C$

方法三：微分法

$2x^2 + 3x + 1 = A(x-1)^2 + B(x-1) + C$ 　　　　①

令 $x = 1$ 得 $C = 6$

在①二邊對 x 微分：$4x + 3 = 2A(x-1) + B$　　　②

令 $x = 1$ 得 $B = 7$

在②由視察可得 $A = 2$ 或

在②二邊對 x 微分：$4 = 2A$ $\therefore A = 2$，餘同方法一、二。

隨堂演練 4.6B

驗證 $\displaystyle\int \dfrac{dx}{x^2 - a^2} = \dfrac{1}{2a} \ln\left|\dfrac{x-a}{x+a}\right| + C$，$a \neq 0$

$$\int \dfrac{dx}{x^2 - a^2} = \dfrac{1}{2a} \ln\left|\dfrac{x-a}{x+a}\right| + C$$
一個很有用的結果

習題 4.6

1. 計算下列各題：

(1) $\int \dfrac{x^2+1}{x(x^2+3)}dx$

(2) $\int \dfrac{2x+3}{(x-2)(x+5)}dx$

(3) $\int \dfrac{x}{(x+1)(x+2)(x+3)}dx$

(4) $\int \dfrac{x}{x^4+2x^2-3}dx$

(5) $\int \dfrac{5x+3}{x^2-9}dx$

(6) $\int \dfrac{dx}{x^2-4}$

(7) $\int \dfrac{x}{x^4-1}dx$

(8) $\int \dfrac{x}{x^2+6x+5}dx$

2. 計算下列各題：

(1) $\int \dfrac{x^3}{x+3}dx$

(2) $\int \dfrac{dx}{x(x^2+1)}$

(3) $\int \dfrac{x^3}{x^2-3x+2}dx$

(4) $\int \dfrac{3x+1}{x(x^2-1)}dx$

(5) $\int \dfrac{x^2}{(x+1)^3}dx$

(6) $\int \left(\dfrac{x+2}{x-1}\right)^2 \dfrac{dx}{x}$

(7) $\int \dfrac{4x+16}{(x+1)^2(x-5)}dx$

3. 計算

$\int \dfrac{lnxdx}{(x-1)^2}$

解

1. (1) $\dfrac{1}{3}\ln|x^3+3x|+C$

(2) $\ln|(x-2)(x+5)|+C$

(3) $\dfrac{1}{2}\ln\left|\dfrac{(x+2)^4}{(x+1)(x+3)^3}\right|+C$

(4) $\dfrac{1}{8}\ln\left|\dfrac{x^2-1}{x^2+3}\right|+C$

(5) $2\ln|x+3|+3\ln|x-3|+C$

(6) $\dfrac{1}{4}\ln\left|\dfrac{x-2}{x+2}\right|+C$

(7) $\dfrac{1}{4}\ln\left|\dfrac{x^2-1}{x^2+1}\right|+C$

(8) $-\dfrac{1}{4}\ln|x+1|+\dfrac{5}{4}\ln|x+5|+C$

2. (1) $\dfrac{1}{3}x^3-\dfrac{3}{2}x^2+9x-27\ln|x+3|+C$

(2) $\ln|x|-\dfrac{1}{2}\ln|x^2+1|+C$

(3) $\dfrac{1}{2}x^2+3x-\ln|x-1|+8\ln|x-2|+C$

(4) $\ln\left|\dfrac{(x-1)^2}{x(x+1)}\right|+c$

(5) $\ln|x+1|+\dfrac{2}{x+1}-\dfrac{1}{2(x+1)^2}+C$

(6) $\ln\left|\dfrac{x^4}{(x-1)^3}\right|-\dfrac{9}{x-1}+C$

(7) $\ln\left|\dfrac{x-5}{x+1}\right|+\dfrac{2}{x+1}+C$

3. $\dfrac{lnx}{1-x}+ln\left|\dfrac{1-x}{x}\right|+c$ (提 示 ： $\displaystyle\int\dfrac{\ln x}{(x-1)^2}dx=\int\ln x\,d\left(\dfrac{-1}{x-1}\right)\cdots$)

4.7 瑕積分

4.7.1 瑕積分

學習目標

■ 對瑕積分有初步理解
■ Gamma 函數之定義與計算

定義 若(1)積分函數 $f(x)$ 在積分範圍 $[a, b]$ 內有一點不連續或(2)至少有一個積分界限是無窮大，則稱 $\int_a^b f(x)\,dx$ 為**瑕積分**（Improper Integral）。

例 1. 以下均為瑕積分之例子：

(1) $\int_0^1 \dfrac{e^x}{\sqrt{x}}\,dx$：$x = 0$ 時，$f(x) = e^x / \sqrt{x}$ 為不連續

(2) $\int_0^3 \dfrac{1}{3-x}\,dx$：$x = 3$ 時，$f(x) = \dfrac{1}{3-x}$ 為不連續

(3) $\int_{-1}^1 \dfrac{dx}{x^{\frac{4}{5}}}$：$x = 0$ 時，$f(x) = x^{-\frac{4}{5}}$ 為不連續

(4) $\int_{-\infty}^{\infty} e^{-2x}\,dx$：兩個積分界限均為無窮大

定義 (1) 若函數 f 在區間 $[a, b)$ 連續但在 $x = b$ 不連續，則

$$\int_a^b f(x)\,dx = \lim_{t \to b^-} \int_a^t f(x)\,dx \text{（若極限存在）}$$

(2) 若 f 在 $(a, b]$ 連續但在 $x = a$ 不連續，則

$$\int_a^b f(x)\,dx = \lim_{s \to a^+} \int_s^b f(x)\,dx \text{（若極限存在）}$$

(3) 若 f 在 $[a, b]$ 內除了 c 點以外的每一點都連續，

$a < c < b$，則 $\int_a^b f(x)\,dx = \int_a^c f(x)\,dx + \int_c^b f(x)\,dx$

（若右式兩瑕積分都存在）

在上述定義中，若極限存在，則稱瑕積分為**收斂**（Convergent）否則為**發散**（Divergent）。

例 2. 求 $\int_0^2 \dfrac{dx}{2 - x} = ?$

解 這是一個瑕積分 $\quad\int_0^2 \dfrac{dx}{2 - x} = \lim_{x \to 2^-} \int_0^t \dfrac{dx}{2 - x}$

$= \lim_{t \to 2^-} ln \dfrac{1}{\mid t - 2 \mid} \Big]_0^t = \lim_{t \to 2^-} (ln \dfrac{1}{\mid t - 2 \mid} - ln \dfrac{1}{2})$，

但 $\lim\limits_{t \to 2^-} ln \dfrac{1}{\mid t - 2 \mid}$ 不存在 $\quad \therefore \int_0^2 \dfrac{dx}{2 - x}$ 發散

定義 (1) 若對 $t \ge a$ 均有 $\int_a^t f(x)\,dx$ 存在，則

$$\int_a^\infty f(x)\,dx = \lim_{t \to \infty} \int_a^t f(x)\,dx \text{（若極限存在）}$$

(2) 若對 $t \le a$ 均有 $\int_{-\infty}^b f(x)\,dx$ 存在，則

$$\int_{-\infty}^{b} f(x)\,dx = \lim_{t \to \infty} \int_{t}^{b} f(x)\,dx \text{（若極限存在）}$$

(3) 若 $f(x)$ 在 $[s, t]$ 連續，則

$$\int_{-\infty}^{\infty} f(x)\,dx = \lim_{t \to \infty} \int_{a}^{t} f(x)\,dx + \lim_{s \to -\infty} \int_{s}^{a} f(x)\,dx$$

（若右端兩極限都必須同時存在）

許多讀者往往把 $\int_{-\infty}^{\infty} f(x)\,dx$ 誤認為 $\lim_{t \to \infty} \int_{-t}^{t} f(x)\,dx$，這是不對的，應特別注意。

例3. 求 $\int_{1}^{\infty} \dfrac{dx}{x^2} = ?$

解 $\int_{1}^{\infty} \dfrac{dx}{x^2} = \lim_{t \to \infty} \int_{1}^{t} \dfrac{dx}{x^2} = \lim_{t \to \infty} \dfrac{-1}{x}\Big]_{1}^{t}$

$= \lim_{t \to \infty} 1(-\dfrac{1}{t}) = 1$

例4. 求 $\int_{0}^{1} \dfrac{dx}{\sqrt{1-x}} = ?$

解 原式 $= \lim_{t \to 1^{-}} \int_{0}^{t} \dfrac{dx}{\sqrt{1-x}} = -\lim_{t \to 1^{-}} \int_{0}^{t} \dfrac{d(1-x)}{\sqrt{1-x}} = \lim_{t \to 1^{-}} -2(1-x)^{\frac{1}{2}}\Big]_{0}^{t}$

$= 2$

定理 A 證明 $\int_{1}^{\infty} \dfrac{dx}{x^p}$ 當 $p > 1$ 時收斂，$p < 1$ 時發散。

證明 $p = 1 , \int_1^\infty \frac{1}{x} dx = \lim_{t \to \infty} \int_1^t \frac{1}{x} dx = \lim_{t \to \infty} ln|t| = \infty$

$p \neq 1 , \int_1^\infty \frac{dx}{x^p} = \lim_{t \to \infty} \int_1^t \frac{1}{x^p} dx = \lim_{t \to \infty} \frac{x^{1-p}}{1-p}]_1^t$

$$= \lim_{t \to \infty} \frac{t^{1-p} - 1}{1-p} = \begin{cases} \infty & 若\ p < 1 \\ \dfrac{1}{p-1} & 若\ p > 1 \end{cases}$$

故 $\int_1^\infty \frac{dx}{x^p}$ 當 $p > 1$ 時為收斂，當 $p \leqq 1$ 時為發散。 ∎

(隨)(堂)(演)(練) 4.7A

討論 $\int_1^\infty \frac{1}{\sqrt{x}} dx$ 與 $\int_1^\infty \frac{1}{x^3} dx$ 之斂散性。

Ans: (1) 發散　(2) 收斂

4.7.2　Gamma 函數

定義 Gamma 函數定義為

$$G(n) = \int_o^\infty x^{n-1} e^{-x} dx , \quad n > 0$$

Gamma 函數是一個非常重要的函數，在機率、拉氏轉換等都會用到。

4.7.1 所示之瑕積分，是依定義按步計算，但有時碰到 $\int_o^\infty f(x) dx$ 時，往往把 ∞ 當做一個很大很大的數（雖然我們一再強調 ∞ 不是一個數），這在計算這類積分上是極其方便的。

> **定理 A**　$G(n) = \int_0^\infty x^{n-1} e^{-x} dx, n > 0$，若 n 為正整數則
>
> $G(n) = (n-1)!$
>
> $[(n-1)! = (n-1)(n-2)\cdots\cdots 3 \cdot 2 \cdot 1]$

證明　$G(n) = \int_0^\infty x^{n-1} e^{-x} dx = \int_0^\infty x^{n-1} d(-e^{-x})$

$= -x^{n-1} e^{-x}]_0^\infty + \int_0^\infty e^{-x} d(x^{n-1})$

$= \int_0^\infty (n-1) x^{n-2} e^{-x} dx = (n-1) G(n-1)$

$\therefore G(n) = (n-1) G(n-1)$

$= (n-1)(n-2) G(n-2)$

$= (n-1)(n-2)(n-3) G(n-3)$

$\cdots\cdots$

$= (n-1)!$ ∎

為了便於計算起見，不妨直接記住積分結果：$\int_0^\infty x^n e^{-x} dx = n!$，$n$：正整數。

例 6.　求 $\int_0^\infty x^2 e^{-x} dx = ?$

解　$\int_0^\infty x^2 e^{-x} dx = 2! = 2 \cdot 1 = 2$

例 7.　求 $\int_0^\infty x^4 e^{-x} dx = ?$

解　$\int_0^\infty x^4 e^{-x} dx = 4! = 4 \cdot 3 \cdot 2 \cdot 1 = 24$

推論 A1　$\displaystyle\int_0^\infty x^m e^{-nx}dx = \dfrac{m!}{n^{m+1}}$，$m$ 為非負整數，$n > 0$

證明　取 $y = nx$，$dy = ndx$，即 $dx = \dfrac{1}{n}dy$

$\therefore \displaystyle\int_0^\infty x^m e^{-nx}dx = \int_0^\infty \left(\dfrac{y}{n}\right)^m e^{-y} \cdot \dfrac{1}{n}dy$

$= \dfrac{1}{n^{m+1}}\displaystyle\int_0^\infty y^m e^{-y}dy = \dfrac{G(m+1)}{n^{m+1}} = \dfrac{m!}{n^{m+1}}$　∎

例 8.　求 $\displaystyle\int_0^\infty x^3 e^{-2x}dx = $?

解　$\displaystyle\int_0^\infty x^3 e^{-2x}dx = \dfrac{3!}{2^{3+1}} = \dfrac{6}{16} = \dfrac{3}{8}$

例 9.　求 $\displaystyle\int_0^\infty xe^{-\frac{x}{2}}dx = $?

解　取 $y = \dfrac{x}{2}$，$dx = 2dy$，$x = 2y$

則 $\displaystyle\int_0^\infty xe^{-\frac{x}{2}}dx$

$= \displaystyle\int_0^\infty 2ye^{-y}(2dy)$

$= 4\displaystyle\int_0^\infty ye^{-y}dy = 4 \cdot G(2) = 4 \cdot 1 = 4$

另解　$\displaystyle\int_0^\infty xe^{-\frac{x}{2}}dx = \dfrac{1!}{\left(\dfrac{1}{2}\right)^2} = 4$

隨堂演練 4.7B

驗證 $\int_0^\infty xe^{-3x}dx = \dfrac{1}{9}$。

 習題 4.7

1. 判斷下列瑕積分何者為收斂？何者為發散？若為收斂則進一步求出它的值。

(1) $\int_0^1 \dfrac{dx}{x^3}$

(2) $\int_0^3 \dfrac{dx}{x-1}$

(3) $\int_{-5}^2 \dfrac{1}{x^6}dx$

(4) $\int_0^2 \dfrac{dx}{(x-1)^3}$

(5) $\int_0^1 \dfrac{1}{\sqrt[3]{x}}dx$

(6) $\int_2^4 \dfrac{dx}{\sqrt{x-2}}$

(7) $\int_{-1}^1 \dfrac{1}{x^2}dx$

(8) $\int_0^3 \dfrac{dx}{x-2}$

(9) $\int_1^\infty \dfrac{1}{x}dx$

(10) $\int_1^2 \dfrac{dx}{\sqrt[3]{x-1}}$

2. 計算：

(1) 利用 $y=-lnx$ 變換求 $\int_0^1 lnxdx$

(2) $\int_0^2 \dfrac{dx}{(x-2)^2}$ 　　(3) $\int_0^1 xlnxdx$，同 (1)

(4) $\int_{-\infty}^\infty e^{-|x|}dx$

3. 計算下列各題：

(1) $\int_0^\infty xe^{-x}dx$ 　　　　(2) $\int_0^\infty x^3e^{-x}dx$

(3) $\int_0^\infty x^5e^{-x}dx$ 　　　　(4) $\int_0^\infty x^3e^{-3x}dx$

(5) $\int_0^\infty (xe^{-x})^3dx$ 　　　(6) $\int_0^\infty x(xe^{-x})^3dx$

解

1. (1) 發散　(2) 發散　(3) 發散　(4) 發散　(5) $\dfrac{3}{2}$　(6) $2\sqrt{2}$

　(7) 發散　(8) 發散　(9) 發散　(10) $\dfrac{3}{2}$

2. (1) 1　(2) 發散　(3) $-\dfrac{1}{4}$　(4) 2

3. (1) 1　(2) 6　(3) 120　(4) $\dfrac{2}{27}$　(5) $\dfrac{2}{27}$　(6) $\dfrac{8}{81}$

4.8　定積分在求面積上之應用

學習目標

■ 利用動線法決定積分界限、積分式

　　在 4.3 節中，我們說明了定積分在計算過程中，是先將區域分割成 n 個近似矩形區域，利用矩形面積＝底 × 高的基本公式，將這些矩形區域面積加總後取極限 $n \to \infty$ 即得。由此我們可直覺地聯想到如何用定積分方法求出平面區域之面積，同樣的技巧也可用到求體積的情形。

　　若 $y = f(x)$ 在 $[a, b]$ 中為一連續的非負函數，則 $y = f(x)$ 在 $[a, b]$ 中與 x 軸所夾區域的面積為 $A(R) = \int_a^b f(x)dx$。

　　在圖乙中，因 $y = g(x)$ 在 $[a, b]$ 為連續之負函數，因為平面區域的面積為正，因此 $y = g(x)$ 在中與 $[a, b]$ 軸所夾區域的面積為：$A(R) = -\int_a^b g(x)dx$。

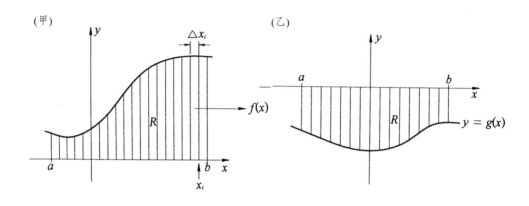

　　若我們要求 $y = f(x)$ 與 $y = g(x)$ 在 $[a, b]$ 間與 x 軸所夾面積，假設在 $[a, b]$ 間 $f(x) \geq g(x)$，則：

$\int_a^b f(x)dx = R + R_1$，

$\int_a^b g(x)dx = R_1$

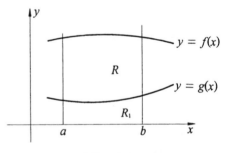

二曲線所夾之面積

故 $y = f(x)$ 與 $y = g(x)$ 在 $[a, b]$ 間所夾之面積：

$R = \int_a^b [f(x) - g(x)]\, dx$

例 1. 求 $y = 5$ 在 〔 -1，2〕與 x 軸所夾區域之面積？

解　　$A = \int_{-1}^{2} 5dx$

　　　　$= 5x]_{-1}^{2} = 15$

　　讀者應可注意到例 1. 相當於求底長為 3，高為 5 之矩形面積，由小學算術即知其面積為 $5 \times 3 = 15$

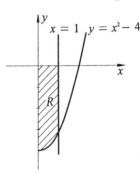

例 2. 求 $y = x^2 - 4$ 在 〔 0，1〕間與 x 軸所夾區域之面積？

解　　因 $y = x^2 - 4$ 在 〔 0，1〕間為負值函數

　　　　$\therefore A = - \int_{0}^{1} (x^2 - 4)dx$

　　　　$= - \left[\dfrac{x^3}{3} - 4x \right]_{0}^{1}$

　　　　$= -(-\dfrac{11}{3}) = \dfrac{11}{3}$

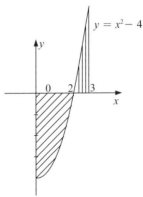

　　若在例 2. 中，我們要求 $y = x^2 - 4$ 在 〔 0，3〕間與 x 軸所夾區域之面積，由右圖：$y = x^2 - 4$ 在 〔 0，2〕間為負值函數，在 〔 2，3〕為非負函數，因此，我們需將 〔 0，3〕分割成二個區域 〔 0，2〕與 〔 2，3〕，分別求算其面積然後予以加總：

$A = - \int_{0}^{2} (x^2 - 4)dx + \int_{2}^{3} (x^2 - 4)dx$

$= - \left([\dfrac{x^3}{3} - 4x]_{0}^{2} \right) + [\dfrac{x^3}{3} - 4x]_{2}^{3}$

$= \dfrac{16}{3} + \dfrac{7}{3} = \dfrac{23}{3}$

在求面積時，我想推薦一種所謂之游標法，幫助我們判斷積分界限與積分式，它的作法很簡單：

⑴先繪出積分區域之概圖

⑵由區域之某一端作一與 x 軸垂直或平行之直線（所謂垂直 x 軸或平行 x 軸是看我們要對 x 積分還是對 y 積分而定）

⑶假設這條直線是一條動線，在移動過程中它可幫助我們：

(a) 決定積分式正、負及 $f(x)-g(x)$ 還是 $g(x)-f(x)$：

動線在 $a \leq x \leq b$ 時，f, g 是 g 上 f 下

∴ 這部分面積為 $\int_a^b (g(x) - f(x))\, dx$，

動線在 $b \leq x \leq c$ 時，f, g 是 f 上 g 下

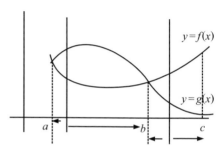

∴ 這部分面積是 $\int_b^c (f(x) - g(x))\, dx$。

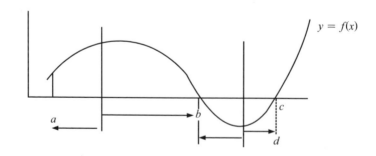

在上圖，動線在 $a \leq x \leq b$ 移動時，$y = f(x) \geq 0$

∴ 這段面積 $= \int_b^a f(x)dx$

但動線在 $b \leq x \leq c$ 移動時，因 $y = f(x) \leq 0$

∴ 這段面積 $= \int_b^c (-f(x))dx$

　　它可輕易而自然地將積分區域作一分割,這由 (a) 之說
明,讀者不難體會出。

(b) 如果對 y 積分時,只不過將上、下改為右、左。

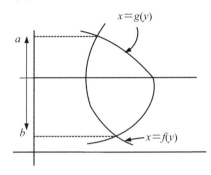

面積為 $\int_b^a (g(y) - f(y))dy$

例3. 求頂點為 $(0, 1)$,$(-1, 0)$,$(2, 0)$ 之三角形區域面積?

解　　例 3. 相當於求底為 3,高為 1 之三角形面積,這由
算術易知面積為 $\frac{1}{2}$ 底 × 高 $=$
$\frac{1}{2} \times 3 \times 1 = \frac{3}{2}$,現在我們要用積分
方法求算:首先要決定 $\overline{BC}$ 之方程式:

$\frac{y-1}{x-0} = \frac{0-1}{2-0} = -\frac{1}{2}$,$\therefore y = -\frac{x}{2} + 1$(或 $x = 2 - 2y$)

$\therefore \triangle OBC$ 之面積為 $A(R_1) = \int_0^2 (-\frac{x}{2} + 1)dx$

$= [-\frac{x^2}{4} + x]_0^2 = 1$

其次決定 $\overline{BC}$ 之方程式:

$\therefore \frac{y-1}{x-0} = \frac{0-1}{-1-0} = 1$,$\therefore y = x + 1$(或 $x = y - 1$)

方法一：$\triangle OAB$ 之面積為 $A(R_1) + A(R_2)$

其中 $A(R_2) = \int_{-1}^{0}(x + 1)dx$

$= \dfrac{x^2}{2} + x]_{-1}^{0} = \dfrac{1}{2}$

$\therefore \triangle ABC$ 之面積為 $A(R_1) + A(R_2) = 1 + \dfrac{1}{2} = \dfrac{3}{2}$

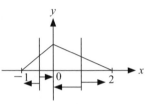

方法二：$\triangle OAB$ 之面積為

$A(R) = \int_{0}^{1}((2 - 2y) - (y - 1))dy$

$= 3y - \dfrac{3}{2}y^2 \Big]_{0}^{1} = \dfrac{3}{2}$

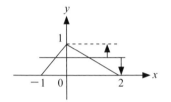

例 4. 求 $y = 2x$ 在 $x = 1$、$x = 3$ 與 x 軸所夾之面積？

解

方法一：$y = 2x$、$x = 1$、$x = 3$ 與 x 軸所
夾之面積即右圖斜線部分，這是
一個梯形，面積為：

$A = \dfrac{2 + 6}{2} \times (3 - 1) = 8$

方法二：$A = \int_{1}^{3}(2x)dx = x^2]_{1}^{3} = 9 - 1 = 8$

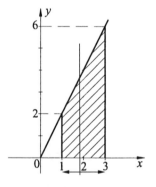

隨堂演練 4.8A

驗證 $y = \dfrac{1}{x}$ 在 $x = 1$、$x = 3$ 與 x 軸所圍成區域之面積為 ln3。

例 5. $y = x^2$ 將 $(0, 0)$，$(0, 1)$，$(1, 0)$，$(1, 1)$
所成之正方形分成 I，II 兩個區
域，求 I，II 之面積？

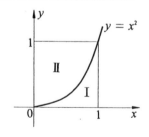

解 ⑴ Ⅰ之面積

$$A = \int_0^1 x^2 dx = \frac{x^3}{3}\big]_0^1 = \frac{1}{3} - 0 = \frac{1}{3}$$

⑵ Ⅱ之面積（有下列三種方法）

方法一：Ⅱ之面積＝正方形面積－Ⅰ之面積

$$= 1 - \frac{1}{3} = \frac{2}{3}$$

方法二：$A = \int_0^1 \sqrt{y}dy = \int_0^1 y^{\frac{1}{2}}dy = \frac{2}{3}y^{\frac{3}{2}}\big]_0^1 = \frac{2}{3} - 0 = \frac{2}{3}$

方法三：Ⅱ之面積相當於 $y = 1, y = x^2$ 與 y 軸

（$x = 0$）所圍成區域

$$A = \int_0^1 (1 - x^2)dx = x - \frac{1}{3}x^3\big]_0^1 = \frac{2}{3}$$

例 6. 求 $y = x^2$ 與 $y = x + 6$ 圍成區域的面積？

解

方法一：對 x 軸上作分割

先繪出 $y = x^2$ 與
$y = x + 6$ 之概圖，
由此概圖我們可得
以下有用的訊息：

⑴ $y = x^2$ 與 $y = x$
$+ 6$ 交點之 x 座
標：
令 $x^2 = x + 6$,
$x^2 - x - 6 = 0$

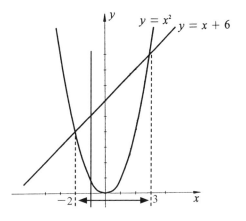

$$(x-3)(x+2)=0,$$

$$x=3, -2$$

⑵ $f(x)=x+6$,

$$g(x)=x^2$$

$3 \geq x \geq -2$ 時 $f > g$

$$\therefore A = \int_{-2}^{3} [(x+6)-x^2]$$

$$= -\frac{x^3}{3} + \frac{x^2}{2} + 6x]_{-2}^{3}$$

$$= 20\frac{5}{6}$$

方法二：對 y 軸上作分割：以 $y=4$ 將所圍區域分成 R_1、R_2 二個區域 R_1 與 R_2：

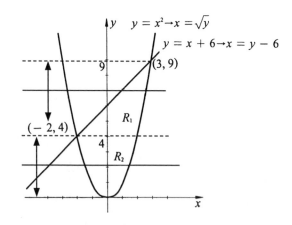

$$A(R_1) = \int_{4}^{9} [\sqrt{y}-(y-6)] \, dy$$

$$= \frac{2}{3}y^{\frac{3}{2}} - \frac{y^2}{2} + 6y]_{4}^{9} = \frac{61}{6}$$

$$A(R_2) = 2\int_0^4 \sqrt{y}dy \text{（利用對稱性）}$$

$$= \frac{4}{3}y^{\frac{3}{2}}\Big]_0^4$$

$$= \frac{32}{3}$$

$$\therefore A(R) = A(R_1) + A(R_2) = 20\frac{5}{6}$$

在例 6. 中，對 x 軸進行垂直分割比以 y 軸行水平分割在解面積上來得容易，但有時相反。

例 7. 求 $y^2 = 4x$ 與 $y^2 = x + 3$ 圍成區域的面積？

解

方法一：$A = 2\int_0^2 \frac{y^2}{4} - (y^2 - 3)\,dy$

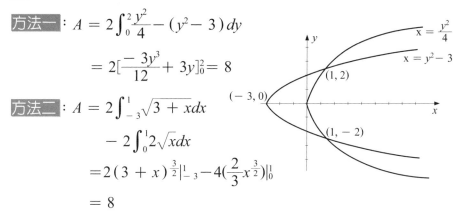

$$= 2[\frac{-3y^3}{12} + 3y]_0^2 = 8$$

方法二：$A = 2\int_{-3}^1 \sqrt{3 + x}dx$

$$- 2\int_0^1 2\sqrt{x}dx$$

$$= 2(3 + x)^{\frac{3}{2}}\Big|_{-3}^1 - 4(\frac{2}{3}x^{\frac{3}{2}})\Big|_0^1$$

$$= 8$$

例 8. 求 $y = \frac{x^2}{4}$ 與 $y = \frac{x + 2}{4}$ 所圍成區域之面積？

解 先求 $y = \frac{x^2}{4}$ 與 $y = \frac{x + 2}{4}$ 交點之 x 座標，以決定積分之上、下限：

$$\frac{x^2}{4} = \frac{x+2}{4}$$

$$\therefore x^2 - x - 2$$

$$= (x-2)(x+1)$$

$$= 0$$

得 $x = 2, -1$

$$A = \int_{-1}^{2} (\frac{x+2}{4} - \frac{x^2}{4}) dx$$

$$= \frac{1}{4} \int_{-1}^{2} (x + 2 - x^2) dx$$

$$= \frac{1}{4} [\frac{x^2}{2} + 2x - \frac{x^3}{3}]|_{-1}^{2} = \frac{9}{8}$$

有興趣的讀者亦可對 y 積分，結果爲 $\frac{9}{8}$

隨 堂 演 練 4.8B

驗證 $y = x^2 - 2x$ 與 $y = x$ 在 $[0,4]$ 所夾區域之面積爲 $\frac{19}{3}$。

習題 4.8

1. 求下列面積？

(1) $y = \frac{1}{3}x^3$ 在 $-1 \le x \le 2$ 與 x 軸所夾區域之面積？

(2) $y = x^2 - 4$ 在 $0 \le x \le 4$ 與 x 軸所夾區域之面積？

(3) $y = x - x^2$ 與 x 軸所夾區域之面積？

2. 求下列面積？

(1) $y = x^2$ 與 $y = x$ 在第一象限所圍成區域之面積。

(2) 求 $y = x^2$ 與 $y = 1 - x^2$ 所夾區域之面積？

(3) 求 $y = x$ 與 $y = x^3$ 所夾區域之面積？

(4) 求 $x + y = 4$ 與 $y = \dfrac{x^2}{2}$ 所夾區域之面積？

解

1. (1) $\dfrac{17}{12}$　(2) 16　(3) $\dfrac{1}{6}$

2. (1) $\dfrac{1}{6}$　(2) $\dfrac{2\sqrt{2}}{3}$　(3) $\dfrac{1}{2}$　(4) 18

第 5 章

多變數函數之微分與積分

5.1　二變數函數

學習目標

■ 二變數函數，包括對應值、定義域。
■ 二變數函數之極限不存在。

5.1.1　二變數函數

　　本書前幾章討論的是單一變數函數之微分與積分，本章則以二變數函數為主。設 D 為 xy 平面上之一集合，對 D 中之所有有**序配對**（Ordered Pair）(x, y) 而言，都能在集合 R 中找到元素與之對應，這種對應元素所成之集合為**像**（Image）。

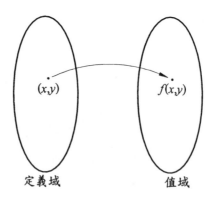

例 1. 若 $f(x, y) = \dfrac{2x^2 + 3y^2}{x - y}$ ，求 (1) f 之定義域

(2) $f(1, -1)$

解 (1) 當 $y = x$ 時 $f(x, y)$ 之分母爲 0，因此除了 $y = x$ 外之所有實數對 (x, y) 對 f 均有意義，$\therefore f$ 之定義域爲

$\{(x, y) \mid x \neq y, x \in R, y \in R\}$

(2) $f(1, -1) = \dfrac{2(1)^2 + 3(-1)^2}{1 - (-1)} = \dfrac{2 + 3}{2} = \dfrac{5}{2}$

例 2. 若 $f(x, y) = x^2 - xy - 2y^2$ ，求 (1) f 之定義域

(2) $f(0, 1)$

解 (1) $f(x, y)$ 在 x, y 爲任意實數時均有意義，$\therefore f(x, y)$ 之定義域爲 $\{(x, y) \mid x \in R, y \in R\}$

(2) $f(0, 1) = 0^2 - (0) \cdot 1 - 2(1)^2 = 0 - 0 - 2 = -2$

例 3. 討論 $f(x, y) = \sqrt{xy}$ 與 $g(x, y) = \sqrt{x}\sqrt{y}$ 之定義域？

解 $f(x, y) = \sqrt{xy}$ 之定義域爲 $\{(x, y) \mid xy \geqq 0\}$

$g(x, y) = \sqrt{x}\sqrt{y}$ 之定義域爲 $\{(x, y) \mid x \geqq 0, y \geqq 0\}$

隨堂演練 5.1A

1. 討論 $f(x, y) = \sqrt{\dfrac{x}{y}}$ 之定義域？

2. $f(x, y) = \dfrac{2x}{x^2 + y}$ ，求 $f(1, 0)$ 及 $f(0, 1) = ?$

Ans: 1. $xy \geqq 0$ ，$y \neq 0$　　2. 2，0

5.1.2 二變數函數極限之極限與連續

單變數函數之 $\lim\limits_{x \to a} f(x)$ 的定義可擴張到二變數函數極限 $\lim\limits_{\substack{x \to a \\ y \to b}} f(x, y) = l$ 上：

定義 對任一 $\varepsilon > 0$，我們都能找到一個 $\delta > 0$ 使得 $0 < \sqrt{(x-a)^2 + (y-b)^2} < \delta$ 時都有 $|f(x,y) - l| < \varepsilon$，則稱 $f(x, y)$ 在 $x \to a$，$y \to b$ 之極限為 l，記做 $\lim\limits_{\substack{x \to a \\ y \to b}} f(x, y) = l$。

定義 若 $\lim\limits_{\substack{x \to a \\ y \to b}} f(x, y) = f(a, b)$ 則稱 $f(x, y)$ 在 (a, b) 處連續

我們不打算應用定義去證明二變數函數之極限問題，但可舉一些二變數函數函數之例子說明極限之求法及一些極限不存在之例子。

例 4. 求 $\lim\limits_{\substack{x \to 1 \\ y \to 2}} (x^2 + xy - y^2)$

解 $\lim\limits_{\substack{x \to 1 \\ y \to 2}} (x^2 + xy - y^2) = 1^2 + 1 \cdot 2 - 2 \cdot 2 = -1$

例 5. 求 $\lim\limits_{\substack{x \to \infty \\ y \to 1}}\left(1 + \dfrac{1}{x}\right)^{xy}$

解 $\lim\limits_{\substack{x \to \infty \\ y \to 1}}\left(1 + \dfrac{1}{x}\right)^{xy} = \lim\limits_{\substack{x \to \infty \\ y \to 1}}\left[\left(1 + \dfrac{1}{x}\right)^{x}\right]^{y} = \lim\limits_{y \to 1} e^{y} = e$

例 6. $\lim\limits_{\substack{x \to 1 \\ y \to 1}} \dfrac{x^2 - y^2}{x - y}$

解 $\lim\limits_{\substack{x \to 1 \\ y \to 1}} \dfrac{x^2 - y^2}{x - y} = \lim\limits_{\substack{x \to 1 \\ y \to 1}} (x + y) = 2$

例 7. $\lim\limits_{\substack{x \to 0 \\ y \to 0}} \dfrac{x \cdot y}{x^2 + y^2}$

解 $\lim\limits_{\substack{x \to 0 \\ y \to 0}} \dfrac{x\,y}{x^2 + y^2} \overset{y\,=\,mx}{=\!=\!=} \lim\limits_{x \to 0} \dfrac{x(mx)}{x^2 + (mx)^2} = \dfrac{m}{1 + m^2}$,

這表示 $\lim\limits_{\substack{x \to 0 \\ y \to 0}} \dfrac{x\,y}{x^2 + y^2}$ 會隨選擇路

徑之不同而改變

∴ $\lim\limits_{\substack{x \to 0 \\ y \to 0}} \dfrac{x\,y}{x^2 + y^2}$ 不存在

> $f(x, y)$ 爲 0 階齊次函數
> （見下節），那麼
> $\lim\limits_{\substack{x \to 0 \\ y \to 0}} f(x,y)$ 可試用 $y = mx$
> 來證明極限不存在

習題 5.1

1. 求下列各題之定義域？

(1) $f(x, y, z) = \sqrt{xyz}$ (2) $f(x, y, z) = \sqrt{x}\sqrt{y}\sqrt{z}$

(3) $f(x, y, z) = \sqrt{\dfrac{xz}{y}}$

2. 求下列各題之定義域？

(1) $f(x, y, z) = \sqrt[3]{xy} \cdot \sqrt{z}$ (2) $f(x, y, z) = \sqrt[3]{x}\sqrt[3]{y}\sqrt[3]{z}$

3. 計算：

(1) $\lim\limits_{\substack{x \to 0 \\ y \to 0}} (3x^2 - xy + y^2)$ (2) $\lim\limits_{\substack{x \to 1 \\ y \to 1}} \dfrac{x^2 - y^2}{x^3 - y^3}$

4. 說明下列極限何以不存在？

(1) $\lim\limits_{\substack{x \to 0 \\ y \to 0}} \dfrac{xy}{x^2 + 2y^2}$ (2) $\lim\limits_{\substack{x \to 0 \\ y \to 0}} \dfrac{x^2 y^2}{x^4 + xy^3 + y^4}$

解

1. (1) $xyz \geqq 0$ (2) $x \geqq 0, y \geqq 0, z \geqq 0$ (3) $xyz \geqq 0$ 但 $y \neq 0$

2. (1) $x, y \in R, z \geqq 0$ (2) $x, y, z \in R$

3. (1) 0 (2) $\dfrac{2}{3}$

5.2 二變數函數之基本偏微分法

學習目標

■ 高階偏導函數有 f_{xy} 與 $\dfrac{\partial^2}{\partial x \partial y} f$ 二種，其偏微順序，千萬不要搞混。

■ 求 k 階齊次函數之偏微分時，應注意善用齊次函數之特質。

5.2.1 一階偏導函數

函數 $f(x, y)$ 對 x 之**偏導函數**（Partial Derivative）記做 $\dfrac{\partial f}{\partial x}$，或 $f_x, f_x(x, y), \dfrac{\partial f}{\partial x}\big|_y$，在此 y 視為常數。同樣地 $f(x, y)$ 對 y 之偏導函數記做 $\dfrac{\partial f}{\partial y}$，或 $f_x, f_y(x, y), \dfrac{\partial f}{\partial y}\big|_x$，在此 x 視為常數。

定義 $f_x(x, y) = \lim\limits_{\triangle x \to 0} \dfrac{f(x + \triangle x, y) - f(x, y)}{\triangle x}$

$f_y(x, y) = \lim\limits_{\triangle y \to 0} \dfrac{f(x, y + \triangle y) - f(x, y)}{\triangle y}$

若我們欲求特定點 (x_0, y_0) 上之偏導數，可分別用 $\dfrac{\partial f}{\partial x}\big|_{(x_0, y_0)} = f_x(x_0, y_0)$ 和 $\dfrac{\partial f}{\partial y}\big|_{(x_0, y_0)} = f_y(x_0, y_0)$ 表示。

因此多變數函數**偏微分**可看為某一變數在其他所有變數均視為常數下對該變數行一般之微分。

例1. 若 $f(x, y) = x^2 + y^3$ 求 $f_x = ?$ 及 $f_y = ?$

解 計算 f_x 時把 y 視爲常數，

$\therefore f_x = 2x$;

同樣地，計算 f_y 時把 x 視爲常數，

$\therefore f_y = 3y^2$

例2. 若 $f(x, y) = x^2y^3$，求 $f_x = ?$ 及 $f_y = ?$

解 $f_x = 2xy^3$，

$f_y = x^2(3y^2) = 3x^2y^2$

例3. 若 $f(x, y) = \dfrac{x}{\sqrt[3]{y}}$，求 $f_x = ?$ 及 $f_y = ?$

解 爲了便於計算起見，可令 $f(x, y) = xy^{-\frac{1}{3}}$

$\therefore f_x = y^{-\frac{1}{3}}$（或 $\dfrac{1}{\sqrt[3]{y}}$）

$f_y = x(-\dfrac{1}{3}y^{-\frac{4}{3}}) = -\dfrac{x}{3}y^{-\frac{4}{3}}$（或 $-\dfrac{x}{3\sqrt[3]{y^4}}$）

例4. 若 $f(x, y) = (2x + y^3)^{10}$，求 $f_x = ?$ 及 $f_y = ?$

解 將 y 視爲常數對 x 微分，利用鏈鎖法則，可得

$f_x = 10(2x + y^3)^9 \cdot 2 = 20(2x + y^3)^9$;

將 x 視爲常數對 y 微分，利用鏈鎖法則，可得

$f_y = 10(2x + y^3)^9 \cdot 3y^2 = 30y^2(2x + y^3)^9$

例5. 若 $f(x, y) = x^2 + xy + 3y^2$，求 $f_x(1, 2) = ?$ 及 $f_y(1, -1) = ?$

解 $f_x(x, y) = 2x + y$，$\therefore f_x(1, 2) = 4$

$$f_y(x, y) = x + 6y , \quad \therefore f_x(1, -1) = -5$$

隨堂演練 5.2A

驗證若 $f(x, y) = x^2 e^{xy}$，求 $f_x(0, 1) = 0$，$f_y(1, -1) = e^{-1}$

5.2.2 高階偏導函數

$z = f(x, y)$ 之一階導函數 $f_x(x, y)$ 及 $f_y(x, y)$ 求出後，我們可能透過 $f_x(x, y)$ 對 x 或 y 再實施偏微分，如此做下去可有 4 個可能結果：

$$f_{xx} = \frac{\partial}{\partial x}\left(\frac{\partial f}{\partial x}\right) = \frac{\partial^2 f}{\partial x^2}$$

$$f_{xy} = \frac{\partial}{\partial y}\left(\frac{\partial f}{\partial x}\right) = \frac{\partial^2 f}{\partial y \partial x}$$

$$f_{yx} = \frac{\partial}{\partial x}\left(\frac{\partial f}{\partial y}\right) = \frac{\partial^2 f}{\partial x \partial y}$$

$$f_{yy} = \frac{\partial}{\partial y}\left(\frac{\partial f}{\partial y}\right) = \frac{\partial^2 f}{\partial y^2}$$

由上面之符號，我們知道二階偏導函數 f_{xy} 有兩種表達方式：

(1) f_{xy} 及 (2) $\dfrac{\partial^2 f}{\partial y \partial x}$，其微分順序為：$\underset{(1)(2)}{f_{xy}}$ ；$\underset{(2)\quad(1)}{\dfrac{\partial^2 f}{\partial y \ \partial x}}$，其規則可推廣之。

例 6. 若 $f(x, y) = x^4 + xy + y^4$，求 f_{xx}，f_{xy}，f_{yy}，f_{xxx}，f_{yxy}？

解　　$f_x = 4x^3 + y$

$$f_{xx} = 12x^2,$$
$$f_{xy} = 1, f_{xxx} = 24x,$$
$$f_y = x + 4y^3, f_{yy} = 12y^2, f_{yx} = 1, f_{yxy} = 0$$

例 7. $f(x, y) = y^2 2^x$ 求 $(1) f_x$ $(2) f_{xy}$ $(3) f_{xx}$ $(4) f_{xyx}$?

解 應用 $a > 0$ 時，$\dfrac{d}{dx} a^x = a^x \ln a$ 之結果，我們易得

$(1)\ f_x = y^2 (2^x) \ln 2$

$(2)\ f_{xy} = 2y (2^x) \ln 2$

$(3)\ f_{xx} = y^2 (2^x) \ln 2 \cdot \ln 2 = y^2 (2^x) (\ln 2)^2$

$(4)\ f_{xyx} = 2y (2^x) \ln 2 \cdot \ln 2 = 2y (2^x) (\ln 2)^2$

隨堂演練 5.2B

$f(x, y) = x^3 y^5$，求 $(1) f_x$ $(2) f_{xx}$ $(3) f_y$ $(4) f_{yy}$ $(5) f_{yx}$?
Ans: $(1)\ 3x^2 y^5$ $(2)\ 6xy^5$ $(3)\ 5x^3 y^4$ $(4)\ 20x^3 y^3$ $(5)\ 15x^2 y^4$

5.2.3 k 階齊次函數

定義 若 $f(\lambda x, \lambda y) = \lambda^k f(x, y)$，$\lambda$ 為異於 0 之實數，則稱 $f(x, y)$ 為 k 階齊次函數。

例 8. $(1)\ f(x, y) = x^2 + y^2$：

$\because f(\lambda x, \lambda y) = \lambda^2 x^2 + \lambda^2 y^2 = \lambda^2 (x^2 + y^2) = \lambda^2 f(x, y)$

∴為 2 階齊次函數

(2) $f(x, y, z) = (x^2 + y^2 + z^2)^{\frac{3}{2}}$：

∵ $f(\lambda x, \lambda y, \lambda z) = (\lambda^2 x^2 + \lambda^2 y^2 + \lambda^2 z^2)^{\frac{3}{2}}$

$$= \lambda^3 [(x^2 + y^2 + z^2)^{\frac{3}{2}}]$$

∴為 3 階齊次函數

(3) $f(x, y) = \sqrt{x + y^2}$：

∵ $f(\lambda x, \lambda y) = \sqrt{\lambda x + (\lambda y)^2}$，不存在一個實數 k 使得

$f(\lambda x, \lambda y) = \lambda^k \sqrt{x + y^2}$

∴ $f(x, y)$ 不為齊次函數

 隨堂演練 5.2C

下列何者為齊次函數，並求其階次？

1. $f(x, y, z) = \sqrt{x^2 + 3y^2 + z^2}$
2. $f(x, y) = xe^{\frac{x}{y}}$

Ans: 1. 1 階　2. 1 階

關於多變數之 k 階齊次函數有以下重要定理：

定理 A 若 $f(x, y)$ 為 k 階齊次函數，即 $f(\lambda x, \lambda y) = \lambda^k f(x, y)$，$\lambda \neq 0$, $\lambda \in R$ 則 $xf_x + yf_y = kf(x, y)$

證明

$f(\lambda x, \lambda y) = \lambda^k f(x, y)$ 兩邊同時對 λ 微分

$xf_x + yf_y = k\lambda^{k-1}f$

因上式是對任何實數 λ 均成立,所以令 $\lambda = 1$ 則

得 $xf_x + yf_y = kf$ ∎

例 9. 若 $f(x, y) = \dfrac{y}{x}$ 求 $xf_x + yf_y = ?$

解

方法一:$f(x, y) = \dfrac{y}{x}$

$\therefore f_x = -\dfrac{y}{x^2}, f_y = \dfrac{1}{x}$

因此 $xf_x + yf_y = x(-\dfrac{y}{x^2}) + y(\dfrac{1}{x}) = 0$

方法二:$\because f(\lambda x, \lambda y) = \dfrac{\lambda y}{\lambda x} = \dfrac{y}{x} = \lambda^0 \dfrac{y}{x}$

可知 $f(x, y) = \dfrac{y}{x}$ 為零階齊次函數 $\therefore$ 由定理 A,我們有

$xf_x + yf_y = 0f(x, y) = 0$

例 10. 若 $z = x^n f(\dfrac{y}{x})$,試證 $x\dfrac{\partial f}{\partial x} + y\dfrac{\partial f}{\partial y} = nz$。

解 $z = f(x, y) = x^n f(\dfrac{y}{x})$ 則

$f(\lambda x, \lambda y) = (\lambda x)^n f(\dfrac{\lambda y}{\lambda x}) = \lambda^n [x^n f(\dfrac{y}{x})]$

即 z 為 n 階齊次函數

$$\therefore x \frac{\partial f}{\partial x} + y \frac{\partial f}{\partial y} = nz$$

上述定理亦可推廣到 n 個變數情況：$f(x_1, x_2, \cdots\cdots x_n)$ 為 k 階

齊次函數，即 $f(\lambda x_1, \lambda x_2, \cdots\cdots \lambda x_n) = \lambda^k f(x_1, x_2, \cdots\cdots x_n)$，則 $\sum\limits_{i=1}^{n} x_i \frac{\partial f}{\partial x_i}$

$= kf(x_1, x_2, \cdots\cdots x_n)$。

隨堂演練 5.2D

若 $f(x, y, z) = \dfrac{1}{x^2 + y^2 + z^2}$，求 $xf_x + yf_y + zf_z = ?$

Ans: $\dfrac{-2}{x^2 + y^2 + z^2}$

 習題 5.2

1. 給定 $f(x, y) = xy$，求

   (1) $f(0, 1)$ (2) $f(-1, -2)$ (3) $\lim\limits_{h \to 0} \dfrac{f(x + h, y) - f(x, y)}{h}$

   (4) $\lim\limits_{h \to 0} \dfrac{f(x, y + h) - f(x, y)}{h}$

2. 計算下列各題？

   (1) 求 $z = f(x, y) = x^2 + y^2$ 之 $\dfrac{\partial z}{\partial x}$ 及 $\dfrac{\partial z}{\partial y}$

   (2) 求 $z = f(x, y) = x^3 \cdot y^2$ 之 $\dfrac{\partial z}{\partial x}$ 及 $\dfrac{\partial z}{\partial y}$

(3) 求 $z = f(x, y) = x^y$ 之 $\dfrac{\partial z}{\partial x}$ 及 $\dfrac{\partial z}{\partial y}$

(4) 求 $z = f(x, y) = x^2 e^{xy}$ 之 $\dfrac{\partial z}{\partial x}$ 及 $\dfrac{\partial z}{\partial y}$

3. 試判斷下列何者為齊次函數，並求其階數？

(1) $f(x, y) = e^{y/x}$

(2) $f(x, y) = x + e^{(x^2 + y^2)/x}$

(3) $f(x, y) = \dfrac{x + y + z}{\sqrt[3]{x + y + z^2}}$

(4) $f(x, y) = e^{\frac{x - y}{x + y}}$

4. 計算下列各題？

(1) 求 $\omega = f(x, y, z) = x^2 y^3 z^4$ 之 $\dfrac{\partial \omega}{\partial x}, \dfrac{\partial \omega}{\partial y}, \dfrac{\partial \omega}{\partial z}$

(2) $f(x, y, z) = xyz$，求 $f_{xx} + f_{yy} + f_{zz}\big|_{(1, 1, 1)}$

5. $f(x, y) = x^3 + x^2 y + xy^2 + y^3$ 則 $xf_x + yf_y = ?$

6. 驗證下列各題之 $f_{xx} + f_{yy} = 0$

(1) $f(x, y) = x^3 y - xy^3$

(2) $f(x, y) = ln\sqrt{x^2 + y^2}$

7. 試求下列各子題之 k 值？

(1) 若 $f(\lambda x, \lambda y) = \sqrt[3]{\lambda} f(x, y)$，$x\left(\dfrac{\partial f}{\partial x}\right) + y\left(\dfrac{\partial f}{\partial y}\right) = kf(x, y)$，求 $k = ?$

(2) 若 $u = x^4 f\left(\dfrac{y}{x}, \dfrac{x}{z}\right)$，$x\left(\dfrac{\partial u}{\partial x}\right) + y\left(\dfrac{\partial u}{\partial y}\right) + z\left(\dfrac{\partial u}{\partial z}\right) = ku$，求 $k = ?$

(3) 若 $u = x^2 y^3 + 3x^4 y + y^5$，$x\left(\dfrac{\partial u}{\partial x}\right) + y\left(\dfrac{\partial u}{\partial y}\right) = ku$，求 $k = ?$

(4) $\omega = f\left(\dfrac{x - y}{x + y}\right)$，求 $x\left(\dfrac{\partial w}{\partial x}\right) + y\left(\dfrac{\partial w}{\partial y}\right) = ?$

解

1. (1) 0　(2) 2　(3) y　(4) x

2. (1) $2x, 2y$　(2) $3x^2y^2, 2x^3y$　(3) $yx^{y-1}, (|lnx|)x^y$

　(4) $2xe^{xy} + x^2ye^{xy}, x^3e^{xy}$

3. (1) 0 階齊次函數　(2) 不是齊次函數　(3) 不是齊次函數

　(4) 0 階齊次函數

4. (1) $2xy^3z^4, 3x^2y^2z^4, 4x^2y^3z^3$　(2) 0

5. $3f(x, y)$

7. (1) $\dfrac{1}{3}$　(2) 4　(3) 5　(4) 0

5.3　鏈鎖法則

學習目標

■ 應用樹形圖表示問題之鏈鎖關係
■ 善用媒介變數去解多變數函數之偏微分

　　第 2 章之鏈鎖法則係解單變數函數之合成函數微分法之利器，本節則研究如何對二變數函數之合成函數行偏微分。

定理 A　鏈鎖法則：令 $z = f(u, v), u = g(x, y), v = h(x, y)$，則

$$\frac{\partial z}{\partial x} = \frac{\partial z}{\partial u} \cdot \frac{\partial u}{\partial x} + \frac{\partial z}{\partial v} \cdot \frac{\partial v}{\partial x}, \quad \frac{\partial z}{\partial y} = \frac{\partial z}{\partial u} \cdot \frac{\partial u}{\partial y} + \frac{\partial z}{\partial v} \cdot \frac{\partial v}{\partial y}。$$

　　上面所述之鏈鎖法則在敘述上並不是很嚴謹的，因爲鏈鎖法則之 f 在含 (u, v) 的開區域中需爲可微分，且 g, h 之一階偏導函數爲連續等，但這些觀念證明都超過本書之水準，故從略，本書之例子、習題均滿足這些條件。

　　如果我們只取函數之自變數及因變數畫成樹形圖，對合成函數之偏導函數公式推導大有幫助。

　　假定 $z = f(x, y), x = g(r, s), y = h(r, s)$：

$\because z = f(x, y)$

　　　　　　　　①

又 $x = g(r, s), y = h(r, s)$

　　　　　　　　②

將②併入①則得

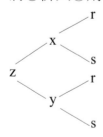

$\dfrac{\partial z}{\partial r}$ 相當於由 z 到 r 之所有途徑，在此有二條即

① $z \xrightarrow{} x \xrightarrow{} r$

$\qquad\quad \dfrac{\partial z}{\partial x} \qquad\quad \dfrac{\partial x}{\partial r}$

② $z \xrightarrow{} y \xrightarrow{} r$

$\qquad\quad \dfrac{\partial z}{\partial y} \qquad\quad \dfrac{\partial y}{\partial r}$

$$\therefore \frac{\partial z}{\partial r} = \frac{\partial z}{\partial x} \cdot \frac{\partial x}{\partial r} + \frac{\partial z}{\partial y} \cdot \frac{\partial y}{\partial r}$$

　　假定 $z = f(x, y), x = g(r, s), y = h(r, t)$ 則由下圖可知 $\dfrac{\partial z}{\partial t}$

之途徑為 $z \rightarrow y \rightarrow t$ ， $\dfrac{\partial z}{\partial r}$ 之途徑有二：(1) $z \rightarrow x \rightarrow r$ ，(2)

$z \rightarrow y \rightarrow r$

$$\therefore \frac{\partial z}{\partial t} = \frac{\partial z}{\partial y} \cdot \frac{\partial y}{\partial t} \; , \; \frac{\partial z}{\partial r} = \frac{\partial z}{\partial x} \cdot \frac{\partial x}{\partial r} + \frac{\partial z}{\partial y} \cdot \frac{\partial y}{\partial r}$$

例 1. $z = f(x, y), x = g(s, t), y = k(t)$ ，試繪樹形圖以求 $\dfrac{\partial z}{\partial s}$ 及 $\dfrac{\partial z}{\partial t}$

解　先繪樹形圖

$\quad$ (1) $\dfrac{\partial z}{\partial s} = \dfrac{\partial z}{\partial x} \cdot \dfrac{\partial x}{\partial s}$

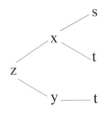

(2) $\dfrac{\partial z}{\partial t} = \dfrac{\partial z}{\partial x} \cdot \dfrac{\partial x}{\partial t} + \dfrac{\partial z}{\partial y} \cdot \dfrac{dy}{dt}$ （∵ y 為 t 之單變數函數故

我們用 $\dfrac{dy}{dt}$ ，而不用 $\dfrac{\partial y}{\partial t}$ ）

例 2. $z = t(x, y, w), x = \phi(s, t, u), y = q(t, v), w = r(u, v)$ ，試

繪樹形圖以求 $\dfrac{\partial z}{\partial s}, \dfrac{\partial z}{\partial t}, \dfrac{\partial z}{\partial v}$ 。

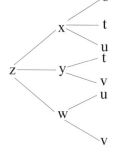

解 (1) $\dfrac{\partial z}{\partial s} = \dfrac{\partial z}{\partial x} \cdot \dfrac{\partial x}{\partial s}$

(2) $\dfrac{\partial z}{\partial t} = \dfrac{\partial z}{\partial x} \cdot \dfrac{\partial x}{\partial t} + \dfrac{\partial z}{\partial y} \cdot \dfrac{\partial y}{\partial t}$

(3) $\dfrac{\partial z}{\partial v} = \dfrac{\partial z}{\partial y} \cdot \dfrac{\partial y}{\partial v} + \dfrac{\partial z}{\partial w} \cdot \dfrac{\partial w}{\partial v}$

例 3. 若 $z = f(x, y) = xy, x = s^3t^2, y = se^t$ 求 $\dfrac{\partial z}{\partial s} = ?$ 及 $\dfrac{\partial z}{\partial t} = ?$

解

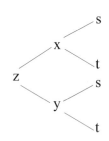

方法一： $\dfrac{\partial z}{\partial s} = \dfrac{\partial z}{\partial x} \cdot \dfrac{\partial x}{\partial s} + \dfrac{\partial z}{\partial y} \cdot \dfrac{\partial y}{\partial s}$

$= y \cdot 3s^2t^2 + x \cdot e^t$

$= (se^t)(3s^2t^2) + (s^3t^2)e^t$

$= 3s^3t^2e^t + s^3t^2e^t$

$= 4s^3t^2e^t$

$\dfrac{\partial z}{\partial t} = \dfrac{\partial z}{\partial x} \cdot \dfrac{\partial x}{\partial t} + \dfrac{\partial z}{\partial y} \cdot \dfrac{\partial y}{\partial t}$

$= y \cdot (2s^3t) + x \cdot (se^t)$

$= (se^t) \cdot (2s^3t) + s^3t^2 \cdot se^t$

$= 2s^4te^t + s^4t^2e^t$

方法二 ： 假如我們把 $x = s^3 t^2$, $y = se^t$ 代入 $z = f(x, y) = xy$ 中，
可得

$$z = f(x, y) = (s^3 t^2) se^t = s^4 t^2 e^t$$

$$\therefore \frac{\partial z}{\partial s} = 4s^3 t^2 e^t$$

$$\frac{\partial z}{\partial t} = s^4 \cdot 2te^t + s^4 t^2 e^t = 2s^4 te^t + s^4 t^2 e^t$$

例 4. $T = x^2 + y^2$, $x = \rho\theta$, $y = \rho^2$，求 $\dfrac{\partial T}{\partial \rho}$ 及 $\dfrac{\partial T}{\partial \theta}$

解

方法一 ： $\dfrac{\partial T}{\partial \rho} = \dfrac{\partial T}{\partial x} \cdot \dfrac{\partial x}{\partial \rho} + \dfrac{\partial T}{\partial y} \cdot \dfrac{dy}{d\rho}$

$\qquad = (2x) \cdot (\theta) + (2y) 2\rho$

$\qquad = (2\rho\theta) \cdot \theta + (2\rho^2) \cdot 2\rho$

$\qquad = 2\rho\theta^2 + 4\rho^3$

$\dfrac{\partial T}{\partial \theta} = \dfrac{\partial T}{\partial x} \cdot \dfrac{\partial x}{\partial \theta}$

$\qquad = (2x) \cdot \rho$

$\qquad = (2\rho\theta) \cdot \rho$

$\qquad = 2\rho^2\theta$

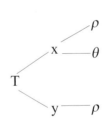

方法二 ： $T = x^2 + y^2 = (\rho\theta)^2 + (\rho^2)^2 = \rho^2\theta^2 + \rho^4$

$\qquad \therefore \dfrac{\partial T}{\partial \rho} = 2\rho\theta^2 + 4\rho^3, \dfrac{\partial T}{\partial \theta} = 2\rho^2\theta$

隨堂演練 5.3A

若 $z = \dfrac{y}{x}$, $x = \rho t$, $y = \rho\theta$，驗證 $\dfrac{\partial z}{\partial \rho} = 0$、$\dfrac{\partial z}{\partial \theta} = \dfrac{1}{t}$ 及 $\dfrac{\partial z}{\partial t} = -\dfrac{\theta}{t^2}$

以下例題說明媒介變數之應用。

例5. 若 $u = f(x-y, y-x)$，求證 $\dfrac{\partial u}{\partial x} + \dfrac{\partial u}{\partial y} = 0$

解

方法一：引入二個媒介變數 s, t：

其中 $\begin{cases} s = x - y, \dfrac{\partial s}{\partial x} = 1, \dfrac{\partial s}{\partial y} = -1 \\[2mm] t = y - x, \dfrac{\partial t}{\partial y} = 1, \dfrac{\partial t}{\partial x} = -1 \end{cases}$

$$\frac{\partial u}{\partial x} = \frac{\partial u}{\partial s} \cdot \frac{\partial s}{\partial x} + \frac{\partial u}{\partial t} \cdot \frac{\partial t}{\partial x}$$

$$= \frac{\partial u}{\partial s} \cdot 1 + \frac{\partial u}{\partial t}(-1)$$

$$= \frac{\partial u}{\partial s} - \frac{\partial u}{\partial t}$$

$$\frac{\partial u}{\partial y} = \frac{\partial u}{\partial s} \cdot \frac{\partial s}{\partial y} + \frac{\partial u}{\partial t} \cdot \frac{\partial t}{\partial y}$$

$$= \frac{\partial u}{\partial s}(-1) + \frac{\partial u}{\partial t} \cdot 1 = -\frac{\partial u}{\partial s} + \frac{\partial u}{\partial t}$$

$$\therefore \frac{\partial u}{\partial x} + \frac{\partial u}{\partial y} = (\frac{\partial u}{\partial s} - \frac{\partial u}{\partial t}) + (-\frac{\partial u}{\partial s} + \frac{\partial u}{\partial t}) = 0$$

習題 5.3

1. 寫出下列各小題之偏微分公式？

   (1) $z = f(x, y)$，$x = h(r, s)$，$y = g(s)$ 求 $\dfrac{\partial z}{\partial s} = ?$ $\dfrac{\partial z}{\partial r} = ?$

   (2) $z = f(x, y, u)$，$x = h(r, s)$，$y = g(r, s)$，$u = k(r, t)$，求

      $\dfrac{\partial z}{\partial s} = ?$ $\dfrac{\partial z}{\partial r} = ?$ $\dfrac{\partial z}{\partial t} = ?$

2. 計算下列各小題之值？

   (1) 若 $z = xy^2$，$x = t$，$y = t^3$，求 $\dfrac{\partial z}{\partial t} = ?$

   (2) 若 $z = xy^2$，$x = (t + s)$，$y = (t - s)$，求 $\dfrac{\partial z}{\partial t} = ?$ $\dfrac{\partial z}{\partial s} = ?$

   (3) 若 $z = x + f(u)$，$u = xy$，求 $x\dfrac{\partial z}{\partial x} - y\dfrac{\partial z}{\partial y} = ?$

3. 若 $z = f(x - y, y - w, w - x)$，試證 $\dfrac{\partial z}{\partial x} + \dfrac{\partial z}{\partial y} + \dfrac{\partial z}{\partial w} = 0$

4. $w = e^{xyz}$，$x = r + s$，$y = r - s$，$z = r^2 s$，求 $\dfrac{\partial w}{\partial r}\Big|_{(r,s)=(1,1)}$

5. 計算：

   (1) $u = y^2 f(xy)$，求 $\dfrac{\partial u}{\partial y}$

   (2) $u = \dfrac{1}{x} f(\dfrac{y}{x})$，求 $\dfrac{\partial u}{\partial x}$

6. 計算

   (1) $z = y^2 f(xy)$ 求 $\dfrac{\partial z}{\partial y}$

   (2) $z = \dfrac{1}{x} f\left(\dfrac{y}{x}\right)$，求 $\dfrac{\partial z}{\partial x}$

解

1. (1) $\dfrac{\partial z}{\partial r} = \dfrac{\partial z}{\partial x}\dfrac{\partial x}{\partial r}$ ， $\dfrac{\partial z}{\partial s} = \dfrac{\partial z}{\partial x}\dfrac{\partial x}{\partial s} + \dfrac{\partial z}{\partial y}\dfrac{dy}{ds}$

(2) $\dfrac{\partial z}{\partial r} = \dfrac{\partial z}{\partial x}\dfrac{\partial x}{\partial r} + \dfrac{\partial z}{\partial y}\dfrac{\partial y}{\partial r} + \dfrac{\partial z}{\partial u}\dfrac{\partial u}{\partial r}$

$\dfrac{\partial z}{\partial s} = \dfrac{\partial z}{\partial x}\dfrac{\partial x}{\partial s} + \dfrac{\partial z}{\partial y}\dfrac{\partial y}{\partial s}$

$\dfrac{\partial z}{\partial t} = \dfrac{\partial z}{\partial u}\dfrac{\partial u}{\partial t}$

2. (1) $7t^6$ (2) $3t^2 - 2st - s^2$ ， $-t^2 - 2st + 3s^2$ (3) x

4. 2

5. (1) $2yf(xy) + xy^2 f'(xy)$ (2) $-\dfrac{1}{x^2}f(\dfrac{y}{x}) - \dfrac{y}{x^3}f'(\dfrac{y}{x})$

6. (1) $2yf(xy) + xy^2 f'(xy)$

(2) $-\dfrac{1}{x^2}f\left(\dfrac{y}{x}\right) - \dfrac{y}{x^3}f'\left(\dfrac{y}{x}\right)$

5.4　二變數函數之極值問題

學習目標

■ 沒有限制條件二變數函數之極值（含鞍點）求法

■ 有限制條件二變數函數之極值求法（沒有限制條件之極值屬相對極值，有限制之極值屬絕對極值）

■ 最小平方法

5.4.1　沒有限制條件下之極值問題

給定 $f(x, y)$，若存在一個開矩形區域 R, $(x_0, y_0) \in R$，使得 $f(x_0, y_0) \geqq f(x, y), \forall (x, y) \in R$，則稱 f 在 (x_0, y_0) 有一相對極大值。$f(x_0, y_0) \leqq f(x, y), \forall (x, y) \in R$，則稱 f 在 (x_0, y_0) 有一相對極小值。

本節討論如何求取二變數函數 $f(x, y)$ 之相對極值，在此我們將有關之演算法則摘要如下，至於其理論背景，可參考高等微積分。

一階條件：令 $\begin{cases} f_x = 0 \\ f_y = 0 \end{cases}$ 得到 $f(x, y)$ 之臨界點 (x_0, y_0)

二階條件：計算 $\triangle = \begin{vmatrix} f_{xx} & f_{xy} \\ f_{yx} & f_{yy} \end{vmatrix}_{(x_0, y_0)}$

⑴若 $\triangle > 0$ 且 $f_{xx}(x_0, y_0) > 0$

　　則 $f(x, y)$ 在 (x_0, y_0) 有相對極小值 $f(x_0, y_0)$。

⑵若 $\triangle > 0$ 且 $f_{xx}(x_0, y_0) < 0$

　　則 $f(x, y)$ 在 (x_0, y_0) 有相對極大值 $f(x_0, y_0)$。

⑶若 $\triangle < 0$

　　則 $f(x, y)$ 在 (x_0, y_0) 處有一**鞍點**（Saddle Point）。

⑷若 $\triangle = 0$

　　則 $f(x, y)$ 在 (x_0, y_0) 處無任何資訊。

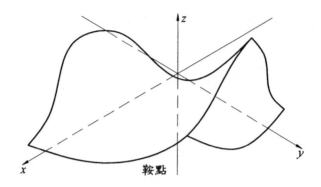

鞍點

例 1. 求 $f(x, y) = x^3 + y^3 - 3x - 3y^2 + 4$ 之極值與鞍點？

解 先求一階條件（臨界點）：

$$\begin{cases} f_x = 3x^2 - 3 = 3(x-1)(x+1) = 0，\therefore x = 1, -1 \\ f_y = 3y^2 - 6y = 3y(y-2) = 0，\therefore y = 0, 2 \end{cases}$$

由此可得 4 個臨界點：$(1, 0), (1, 2), (-1, 0), (-1, 2)$

次求二階條件：

$$f_{xx} = 6x, \, f_{xy} = 0, \, f_{yx} = 0, \, f_{yy} = 6y - 6$$

$$\therefore \triangle = \begin{vmatrix} f_{xx} & f_{xy} \\ f_{yx} & f_{yy} \end{vmatrix} = \begin{vmatrix} 6x & 0 \\ 0 & 6y - 6 \end{vmatrix}$$

茲檢驗四個臨界點之 $\triangle$ 值：

① $(1, 0)$：$\triangle = \begin{vmatrix} 6 & 0 \\ 0 & -6 \end{vmatrix} < 0$，$\therefore f(x, y)$ 在 $(1, 0)$ 處有一鞍點

② $(1, 2)$：$\triangle = \begin{vmatrix} 6 & 0 \\ 0 & 6 \end{vmatrix} > 0$，且 $f_{xx} = 6 > 0 \therefore f(x, y)$ 有相對極小值 $f(1, 2) = -2$

③ $(-1, 0)$：$\triangle = \begin{vmatrix} -6 & 0 \\ 0 & -6 \end{vmatrix} > 0$，且 $f_{xx} = -6 <$

$0 \therefore f(x, y)$ 有相對極大值 $f(-1, 0) = 6$

④ $(-1, 2)$：$\triangle = \begin{vmatrix} -6 & 0 \\ 0 & 6 \end{vmatrix} < 0$，$\therefore f(x, y)$ 在 $(-1, 2)$

處有一鞍點

例 2. 求 $f(x, y) = x^3 - 3xy + y^3$ 之極值與鞍點？

解　先求一階條件（臨界點）：

$\begin{cases} f_x = 3x^2 - 3y = 0 \\ f_y = -3x + 3y^2 = 0 \end{cases}$　即　$\begin{cases} f_x = x^2 - y = 0 \cdots\cdots (1) \\ f_y = y^2 - x = 0 \cdots\cdots (2) \end{cases}$

由 (2) $x = y^2$ 代入 (1) 得：

$(y^2)^2 - y = y^4 - y = y(y-1)(y^2 + y + 1) = 0$

$\therefore y = 0, y = 1$

$y = 0$ 時 $x = 0$；$y = 1$ 時 $x = 1$

可得二個臨界點 $(0, 0)$ 及 $(1, 1)$

次求二階條件：

$\begin{cases} f_{xx} = 6x, f_{xy} = -3 \\ f_{yy} = 6y, f_{yx} = -3 \end{cases}$

$\therefore \triangle = \begin{vmatrix} f_{xx} & f_{xy} \\ f_{yx} & f_{yy} \end{vmatrix} = \begin{vmatrix} 6x & -3 \\ -3 & 6y \end{vmatrix}$

茲檢驗二個臨界點之 $\triangle$ 值：

① $(0, 0)$：

$\triangle = \begin{vmatrix} 0 & -3 \\ -3 & 0 \end{vmatrix} < 0$　$\therefore f(x, y)$ 在 $(0, 0)$ 處有一鞍點

② (1, 1)：

$$\triangle = \begin{vmatrix} 6 & -3 \\ -3 & 6 \end{vmatrix} > 0，且 f_{xx}(1, 1) > 0$$

∴$f(x, y)$ 在 (1, 1) 處有一相對極小值 $f(1, 1) = -1$

例3. 求 $f(x, y) = \dfrac{1}{x} + xy - \dfrac{8}{y}$ 之極值與鞍點？

解 先求一階條件：

$$\begin{cases} f_x = -\dfrac{1}{x^2} + y = 0 \cdots\cdots\cdots\cdots\cdots (1) \\ f_y = x + \dfrac{8}{y^2} = 0 \cdots\cdots\cdots\cdots\cdots (2) \end{cases}$$

$$\therefore \begin{cases} \dfrac{x^2y - 1}{x^2} = 0 \\ \dfrac{xy^2 + 8}{y^2} = 0 \end{cases} \quad 即 \quad \begin{cases} x^2y = 1 \cdots\cdots (3) \\ xy^2 = -8 \cdots\cdots (4) \end{cases}$$

(3)·(4) 得 $(xy)^3 = -8, xy = -2 \cdots\cdots (5)$

$\dfrac{(3)}{(5)}$ 得 $x = -\dfrac{1}{2}, y = 4$，即 $(-\dfrac{1}{2}, 4)$ 為臨界點

次求二階條件：

$$\begin{cases} f_{xx} = \dfrac{2}{x^3}, f_{xy} = 1 \\ f_{yx} = 1, f_{yy} = \dfrac{-16}{y^3} \end{cases}$$

茲檢驗 $(-\dfrac{1}{2}, 4)$ 之 $\triangle$ 值：

$$\triangle = \begin{vmatrix} \dfrac{2}{x^3} & 1 \\ 1 & \dfrac{-16}{y^3} \end{vmatrix}_{(-\frac{1}{2}, 4)} = \begin{vmatrix} -16 & 1 \\ 1 & -\dfrac{1}{4} \end{vmatrix} > 0$$

又 $f_{xx}(-\frac{1}{2}, 4) < 0$

$\therefore f(x, y)$ 在 $(-\frac{1}{2}, 4)$ 有一相對極大值 $f(-\frac{1}{2}, 4) = -6$

隨堂演練 5.4A

驗證 $f(x, y) = 8x^3 + 2xy - 3x^2 + y^2 + 1$ 有相對極小值 $f(\frac{1}{3}, -\frac{1}{3}) = \frac{23}{27}$ 與鞍點 $(0, 0)$。

5.4.2 最小平方法

在統計迴歸分析裡探討以下問題：在一個散布圖上有 n 個點 $(x_1, y_1), (x_2, y_2)\cdots\cdots(x_n, y_n)$，如何找到一條直線方程式 $y = a + bx$（a, b 值等估計），以使得 n 個點與 $y = a + bx$ 之距離平方和為最小。

令 $D = \sum\limits_{i=1}^{n}(y_i - a - bx_i)^2$

令 $\dfrac{\partial}{\partial a}D = 2\sum\limits_{i=1}^{n}(y_i - a - bx_i)(-1) = 0$ (1)

及 $\dfrac{\partial}{\partial b}D = 2\sum\limits_{i=1}^{n}(y_i - a - bx_i)(-x_i) = 0$ (2)

由 (1) $\sum\limits_{i=1}^{n}(y_i - a - bx_i)(-1) = 0$

$\sum\limits_{i=1}^{n}y_i - na - b\sum\limits_{i=1}^{n}x_i = 0$

$\therefore \sum\limits_{i=1}^{n}y_i = na + b\sum\limits_{i=1}^{n}x_i$ (3)

由(2) $\sum\limits_{i=1}^{n}(-x_i)(y_i - a - bx_i) = 0$

$\sum\limits_{i=1}^{n}x_i y_i - a\sum\limits_{i=1}^{n}x_i - b\sum\limits_{i=1}^{n}x_i^2 = 0$

$\therefore \sum\limits_{i=1}^{n}x_i y_i = a\sum\limits_{i=1}^{n}x_i + b\sum\limits_{i=1}^{n}x_i^2 \qquad (4)$

由(3),(4)解之

$$a = \frac{\begin{vmatrix} \Sigma y & \Sigma x \\ \Sigma xy & \Sigma x^2 \end{vmatrix}}{\begin{vmatrix} n & \Sigma x \\ \Sigma x & \Sigma x^2 \end{vmatrix}} = \frac{\Sigma x^2 \Sigma y - \Sigma x \Sigma xy}{n\Sigma x^2 - (\Sigma x)^2}$$

$$b = \frac{\begin{vmatrix} n & \Sigma y \\ \Sigma x & \Sigma xy \end{vmatrix}}{\begin{vmatrix} n & \Sigma x \\ \Sigma x & \Sigma x^2 \end{vmatrix}} = \frac{n\Sigma xy - \Sigma x \Sigma y}{n\Sigma x^2 - (\Sigma x)^2}$$

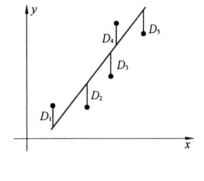

例4. 給定下列三點 $(1, 0), (0, 1), (2, 2)$,求其對應之最小平方直線方程式。

解 $a = \dfrac{\Sigma x^2 \Sigma y - \Sigma x \Sigma xy}{n\Sigma x^2 - (\Sigma x)^2}$

$\qquad = \dfrac{5 \times 3 - 3 \times 4}{3 \times 5 - (3)^2} = \dfrac{1}{2}$

$\qquad b = \dfrac{n\Sigma xy - \Sigma x \Sigma y}{n\Sigma x^2 - (\Sigma x)^2}$

$\qquad = \dfrac{3 \times 4 - 3 \times 3}{3 \times 5 - (3)^2}$

$\qquad = \dfrac{3}{6} = \dfrac{1}{2}$

$\qquad \therefore y = \dfrac{1}{2} + \dfrac{x}{2}$ 是爲所求

	x	y	x^2	xy
	1	0	1	0
	0	1	0	0
	2	2	4	4
小計	3	3	5	4

5.4.3　帶有限制條件之極值問題 —— 拉格蘭日法（Lagrange 法）

　　許多實際之極值問題都帶有限制條件的，例如消費者效用極大化問題即在探討消費者在預算一定之條件下，如何使其效用為極大，問題中之預算即為限制條件，拉格蘭日法是在限制條件下求算極值的一個方法（但不是惟一的方法）。它在最適化理論中占有核心的地位，它的理論超過本書程度，因此只將其求算方法列之如下：

　　$g(x, y) = 0$ 條件下 $f(x, y)$ 之極值求算，是先令 $L(x, y) = f(x, y) + \lambda g(x, y)$，$\lambda$ 一般稱為**拉格蘭日法乘數**（Lagrange Multiplier），$\lambda \neq 0$（$\lambda \neq 0$ 之條件極為重要），由 $L_x = 0, L_y = 0$ 及 $L_\lambda = 0$ 解之即可得出極大值或極小值。

例 5.　若 $x + 2y = 1$，求 $f(x, y) = x^2 + y^2$ 之極值？

解　由拉格蘭日法令 $L(x, y) = x^2 + y^2 + \lambda(x + 2y - 1)$

$$\frac{\partial L}{\partial x} = 2x + \lambda = 0 \cdots\cdots\cdots\cdots (1)$$

$$\frac{\partial L}{\partial y} = 2y + 2\lambda = 0 \cdots\cdots\cdots\cdots (2)$$

$$\frac{\partial L}{\partial \lambda} = x + 2y - 1 = 0 \cdots\cdots (3)$$

由 (1) $\lambda = -2x$

由 (2) $\lambda = -y$

$\therefore -2x = -y$，即 $y = 2x$，代 $y = 2x$ 入 (3) 得

　　$x + 2y - 1 = x + 2(2x) - 1 = 0$，即 $x = \dfrac{1}{5}$，

$$\therefore y = 2x = \frac{2}{5}$$

因此在 $x + 2y = 1$ 之條件下，$f(x, y) = x^2 + y^2$ 之極值爲

$$f(\frac{1}{5}, \frac{2}{5}) = \frac{5}{25} = \frac{1}{5}$$

我們已求出在 $x + 2y = 1$ 之條件下，$f(x, y) = x^2 + y^2$ 之極值是 $\frac{1}{5}$，但我們並未指出這 $\frac{1}{5}$ 是極大值還是極小值。在較高等的微積分教材中會有如何判斷它是極大值還是極小值的方法，本書中，我們假設用拉格蘭日法所得之結果便是我們所要之極值，而不再進一步分析它是極大還是極小。

讀者要注意的是拉格蘭日法只是許多求限制條件下函數之極值方法中的一種，它可能比別的方法容易些，但也可能比別的方法困難。

在上例中，我們至少還有兩種解法：

方法一：代 $x + 2y = 1$ 之條件入 $f(x, y) = x^2 + y^2$ 中，因

$$x = 1 - 2y \therefore 得 g(y) = (1 - 2y)^2 + y^2 = 1 - 4y + 5y^2$$

$$g'(y) = 10y - 4 = 0, y = \frac{2}{5}$$

$$g''(y) = 10 > 0, (g''(\frac{2}{5}) = 10 > 0)$$

$\therefore$ 當 $y = \frac{2}{5}$ 時 $g(y)$ 有相對極小值 $\frac{1}{5}$，亦即 $y = \frac{2}{5}$，

$x = 1 - 2y = 1 - 2(\frac{2}{5}) = \frac{1}{5}$ 時 $f(x, y)$ 有相對極小值

$$f(\frac{1}{5}, \frac{2}{5}) = (\frac{1}{5})^2 + (\frac{2}{5})^2 = \frac{1}{5}$$

方法二：用 Cauchy 不等式，Cauchy 不等式是

$(a^2+b^2)(x^2+y^2) \geqq (ax+by)^2$，在本例，$a=1, b=2$

$\therefore (1^2+2^2)(x^2+y^2) \geqq (1 \cdot x + 2 \cdot y)^2 = (1)^2$

即 $(x^2+y^2) \geqq \dfrac{1}{5}$

例 5 之解法中，取 $L = f(x,y) + \lambda g(x,y)$ 解出 $\dfrac{\partial L}{\partial x} = \dfrac{\partial L}{\partial y} = \dfrac{\partial L}{\partial \lambda} = 0$

$\therefore \begin{cases} L_x = f_x + \lambda g_x \\ L_y = f_y + \lambda g_y \end{cases}$

$\therefore \begin{bmatrix} f_x & \lambda g_x \\ f_y & \lambda g_y \end{bmatrix} \begin{bmatrix} x \\ y \end{bmatrix} = \begin{bmatrix} 0 \\ 0 \end{bmatrix}$

但 $\lambda \neq 0$

又 $\begin{bmatrix} x \\ y \end{bmatrix}$ 有異於 0 之解，必需滿足 $\begin{vmatrix} f_x & g_x \\ f_y & g_y \end{vmatrix} = 0$ 或由行列式性質

可有 $\begin{vmatrix} f_x & f_y \\ g_x & g_y \end{vmatrix} = 0$，如此便可求出 x、y 之關係。

例 6. 若 $x^2 + y^2 + xy = 3$，求 $x^2 + y^2$ 之極值。

解　$L = x^2 + y^2 + \lambda(x^2 + y^2 + xy)$

$f = x^2 + y^2, g = x^2 + y^2 + xy$

$\begin{vmatrix} f_x & f_y \\ g_x & g_y \end{vmatrix} = \begin{vmatrix} 2x & 2y \\ 2x+y & 2y+x \end{vmatrix} = \begin{vmatrix} 2x & 2y \\ y & x \end{vmatrix} = 0 \quad \therefore y^2 = x^2$，

即 $y = \pm x$

(i) $y = x$，則 $x^2 + y^2 + xy = 3x^2 = 3$

$\therefore x = 1, y = 1, x^2 + y^2 = 2$

(ii) $y = -x$，則 $x^2 + y^2 + xy = x^2 + x^2 - x^2 = 3$

$\therefore x = \pm\sqrt{3}, y = \mp\sqrt{3}, x^2 + y^2 = 6$

即極大值 6，極小值 2。

例 7. 試求點 $(3, -4)$ 至圓 $x^2 + y^2 = 4$ 之最短及最長距離

解

方法一：令 $L(x, y) = (x - 3)^2 + (y + 4)^2 + \lambda(x^2 + y^2 - 4)$

$$\begin{vmatrix} f_x & f_y \\ g_x & g_y \end{vmatrix} = \begin{vmatrix} 2(x - 3) & 2(y + 4) \\ 2x & 2y \end{vmatrix} = -3y - 4x = 0$$

$\therefore y = -\dfrac{4}{3}x$ 代之入 $x^2 + y^2 = 4$，$x^2 + \dfrac{16}{9}x^2 = 4$

$\therefore x = \pm\dfrac{6}{5}$，從而 $y = \mp\dfrac{8}{5}$

$\left(\dfrac{6}{5}, -\dfrac{8}{5}\right)$ 到 $(3, -4)$ 之距離為

$$\sqrt{\left(3 - \dfrac{6}{5}\right)^2 + \left(-4 -\left(-\dfrac{8}{5}\right)\right)^2} = 3 ,$$

$\left(-\dfrac{6}{5}, \dfrac{8}{5}\right)$ 到 $(3, -4)$ 之距離為 7

$\therefore (3, -4)$ 到 $x^2 + y^2 = 4$ 之最長距離為 7，最短距離為 3。

方法二：利用幾何

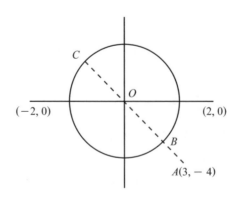

$$\therefore \ \overline{AB} = \overline{OA} - \overline{OB} = 5 - 2 = 3 \ \cdots\cdots \ \text{最短}$$

$$\overline{AC} = \overline{OA} + \overline{OC} = 5 + 2 = 7 \ \cdots\cdots \ \text{最長}$$

習題 5.4

1. 求下列各小題之相對極值與鞍點？

(1) $f(x, y) = x^3 - 3x + y^3 - 3y + 4$

(2) $f(x, y) = x^2 + x - 3xy + y^3 - 2$

(3) $f(x, y) = 4xy - x^4 - y^4 + 3$

(4) $f(x, y) = 3x^3 + y^2 - 9x + 4y + 6$

(5) $f(x, y) = x^3 - 6xy + 3y^2 - 24x + 48$

2. 過 $(0, 1)$，$(2, 3)$，$(-1, 2)$ 之最小平方直線

3. 求下列極值

(1) $f(x, y) = x^2 + y^2$；若 $x - 3y = 6$

(2) $f(x, y) = xy$；若 $x + y = 3$

解

1. (1) $(1, 1)$ 處有相對極小值 0，$(-1, -1)$ 處有相對極大值 8，$(1, -1)$，$(-1, 1)$ 處有鞍點。

(2) $(\frac{1}{4}, \frac{1}{2})$ 處有鞍點，$(1, 1)$ 處有相對極小值 -2。

(3) $(0, 0)$ 處有鞍點，$(1, 1)$ 處有相對極大值 5，$(-1, -1)$ 處有相對極大值 5。

(4) $(-1, -2)$ 處有鞍點，$(1, -2)$ 處有相對極小值 -4。

(5) $(-2, -2)$ 處有鞍點，$(4, 4)$ 處有相對極小值 -32。

2. $y = \dfrac{13}{7} + \dfrac{3}{7}x$

3. (1) $x = \dfrac{3}{5}$，$y = -\dfrac{9}{5}$，極值為 $\dfrac{18}{5}$

   (2) $x = y = \dfrac{3}{2}$，極值為 $\dfrac{9}{4}$

5.5　多重積分

學習目標

　　因本書屬簡易版之微積分，故重積分之計算只需能由外積分逐步積分即可，無涉及重積分之技巧（如改變積分順序，變數變換等）。

5.5.1　二重積分

　　令 $F(x, y)$ 定義於 xy 平面之一封閉區域 R 內，將 R 細分成 n 個區域 $\triangle R_k$，其面積為 $\triangle A_k$，$k = 1, 2, \cdots\cdots n$，取 $\triangle R_k$ 內某一點 (ε_k, η_k)。

　　若 $\lim\limits_{n \to \infty} \sum\limits_{k=1}^{n} F(\varepsilon_k, \eta_k) \triangle A_k$ 存在，則此極限記作

$$\int_R \int F(x, y)\, dxdy \text{ 或 } \int_R \int F(x, y)\, dR \cdots\cdots\cdots\cdots\cdots\cdots\cdots (1)$$

依圖 (a)，則 (1) 式變成 $\int_R\!\!\int F(x,\,y)\,dR = \int_a^b\int_{\phi_1(x)}^{\phi_2(x)}F(x,\,y)\,dydx$。

依圖 (b)，則 (1) 式變成 $\int_R\!\!\int F(x,\,y)\,dR = \int_c^d\int_{h_1(y)}^{h_2(y)}F(x,\,y)\,dxdy$。

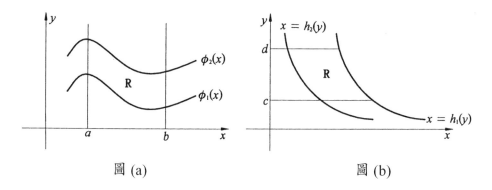

圖 (a)   圖 (b)

重積分有以下之性質：

(1) $\int_R\!\!\int dxdy = $ 區域 R 之面積

(2) $\int_R\!\!\int cf(x,\,y)\,dxdy = c\int_R\!\!\int f(x,\,y)\,dxdy$

(3) $\int_R\!\!\int\,[\,f(x,\,y) + g(x,\,y)\,]\,dxdy$
$= \int_R\!\!\int f(x,\,y)\,dxdy + \int_R\!\!\int g(x,\,y)\,dxdy$

例 1. 求 $\int_0^1\int_{-1}^1 xydxdy = $?

解　　$\int_0^1\int_{-1}^1 xydxdy$

$= \int_0^1\,[\,\int_{-1}^1 xydx\,]\,dy$

$= \int_0^1 y\frac{x^2}{2}\,]\,_{-1}^1\,dy$

$= \int_0^1 y\cdot 0dy$

$= 0$

例2. 計算 $\int_0^1\int_0^1 x^2y^3\,dxdy = ?$ 與 $\int_0^1\int_0^1 x^2y^3\,dydx = ?$

解　(1) $\int_0^1\int_0^1 x^2y^3\,dxdy = \int_0^1 \dfrac{x^3}{3}y^3 \,\rfloor_0^1\,dy$

$\qquad = \int_0^1 \dfrac{1}{3}y^3\,dy = \dfrac{1}{3}\,\dfrac{1}{4}y^4 \,\rfloor_0^1 = \dfrac{1}{12}$

$\quad$ (2) $\int_0^1\int_0^1 x^2y^3\,dydx = \int_0^1 x^2\dfrac{1}{4}y^4 \,\rfloor_0^1\,dx$

$\qquad = \int_0^1 \dfrac{1}{4}x^2\,dx = \dfrac{1}{4}\,\dfrac{x^3}{3} \,\rfloor_0^1 = \dfrac{1}{12}$

例3. 求 $\int_{-1}^1\int_0^1 ye^x\,dydx = ?$

解　$\int_{-1}^1\int_0^1 ye^x\,dydx = \int_{-1}^1 \dfrac{y^2e^x}{2} \,\rfloor_0^1\,dx$

$\qquad = \int_{-1}^1 \dfrac{1}{2}e^x\,dx = \dfrac{1}{2}e^x \,\rfloor_{-1}^1 = \dfrac{1}{2}(e - e^{-1})$

例4. 求 $\int_0^1\int_0^1 \dfrac{xy}{1 + x^2}\,dxdy = ?$

解　$\int_0^1\int_0^1 \dfrac{xy}{1 + x^2}\,dxdy = \int_0^1\int_0^1 \dfrac{1}{2}\,\dfrac{2xy}{1 + x^2}\,dxdy$

$\qquad = \dfrac{1}{2}\int_0^1 y\ln(1 + x^2) \,\rfloor_0^1\,dy = \dfrac{1}{2}\int_0^1 y \cdot \ln2\,dy$

$\qquad = (\dfrac{1}{2}\ln2)\dfrac{y^2}{2} \,\rfloor_0^1 = \dfrac{1}{4}\ln2$

隨堂演練 5.5A

驗證 $\int_0^1\int_0^1 (x + y)\,dx\,dy = 1$

例 5. 求 $\int_0^1 \int_0^{1-x} y^2 dy dx =$?

解　$\int_0^1 \int_0^{1-x} y^2 dy dx$

$$= \int_0^1 \frac{1}{3} y^3 \Big]_0^{1-x} dx$$

$$= \frac{1}{3} \int_0^1 (1-x)^3 dx$$

$$= \frac{1}{3} (-\frac{1}{4}) (1-x)^4 \Big]_0^1$$

$$= \frac{1}{12}$$

5.5.2　三重積分

二重積分之基本解法可擴充到三重積分上。

例 6. 求 $\int_{-3}^7 \int_0^{2z} \int_y^{z-1} dx dy dz =$?

解　$\int_{-3}^7 \int_0^{2z} \int_y^{z-1} dx dy dz$

$$= \int_{-3}^7 \int_0^{2z} x \Big]_y^{z-1} dy dz$$

$$= \int_{-3}^7 \int_0^{2z} (z - 1 - y) dy dz$$

$$= \int_{-3}^7 \left[(z-1)y - \frac{y^2}{2} \right]_0^{2z} dz$$

$$= \int_{-3}^7 \left[(z-1)2z - 2z^2 \right] dz$$

$$= \int_{-3}^7 - 2z dz = - z^2 \Big]_{-3}^7 = - 40$$

例 7. 求 $\int_0^1 \int_{-1}^2 \int_3^4 xyz\,dx\,dy\,dz$

解 $\int_0^1 \int_{-1}^2 \int_3^4 xyz\,dx\,dy\,dz$

$$= \int_0^1 \int_{-1}^2 \frac{x^2}{2}yz \,\big]\,_3^4\,dy\,dz$$

$$= \int_0^1 \int_{-1}^2 \frac{7}{2}yz\,dy\,dz$$

$$= \frac{7}{2}\int_0^1 \frac{y^2}{2}z \,\big]\,_{-1}^2\,dz$$

$$= \frac{7}{2}\int_0^1 \frac{3}{2}z\,dz$$

$$= \frac{21}{4}\int_0^1 z\,dz = \frac{21}{4} \cdot \frac{z^2}{2} \,\big]\,_0^1 = \frac{21}{8}$$

例 8. 求 $\int_0^1 \int_0^x \int_0^y dz\,dy\,dx$

解 $\int_0^1 \int_0^x \int_0^y dz\,dy\,dx$

$$= \int_0^1 \int_0^x z]\,_0^y\,dy\,dx$$

$$= \int_0^1 \int_0^x y\,dy\,dx$$

$$= \int_0^1 \frac{y^2}{2} \,\big]\,_0^x\,dx$$

$$= \int_0^1 \frac{x^2}{2}\,dx$$

$$= \frac{1}{2} \cdot \frac{x^3}{3} \,\big]\,_0^1 = \frac{1}{6}$$

隨堂演練 5.5B

驗證 $\int_{-1}^2 \int_0^3 \int_1^4 dx\,dy\,dz = 27$。

 **習題 5.5**

1. 計算下列各小題之值？

   (1) $\int_1^2 \int_{-2}^1 (x+y)dxdy$ (2) $\int_0^1 \int_0^1 xye^{x^2+y^2}dxdy$

   (3) $\int_1^2 \int_0^{x-1} ydydx$ (4) $\int_0^2 \int_0^{x-1} ydydx$

   (5) $\int_0^2 \int_1^{e^x} dydx$ (6) $\int_{10}^1 \int_0^{\frac{1}{y}} ye^{xy}dxdy$

2. 計算下列各小題之值？

   (1) $\int_0^1 \int_0^{1-z} \int_0^2 dxdydz$ (2) $\int_0^1 \int_0^{1-x} \int_0^{1-x-y} dzdydx$

   (3) $\int_0^1 \int_0^x \int_0^{x+y} xyz\,dzdydx$ (4) $\int_{-1}^1 \int_{x^2}^1 \int_0^{1-y} dzdydx$

解

1. (1) 3   (2) $\frac{1}{4}(e-1)^2$ (3) $\frac{1}{6}$ (4) $\frac{1}{3}$

   (5) e^2-3 (6) $9(1-e)$

2. (1) 1   (2) $\frac{1}{6}$ (3) $\frac{17}{144}$ (4) $\frac{8}{15}$

第 **6** 章

三角函數之 微分、積分

6.1 三角函數微分法

學習目標

■ 三角函數之微分公式之導出及應用

6.1.1 三角函數之極限與擠壓定理（復習）

要導出三角函數之導函數公式，必須用到三個極限定理：

1. $\lim\limits_{\theta \to \theta_0} \sin\theta = \sin\theta_0$

2. $\lim\limits_{\theta \to \theta_0} \cos\theta = \cos\theta_0$

例1. 求 $\lim\limits_{\theta \to \frac{\pi}{6}} \sin\theta = $?

解　$\lim\limits_{\theta \to \frac{\pi}{6}} \sin\theta = \sin\frac{\pi}{6} = \frac{1}{2}$

例2. 求 $\lim\limits_{\theta \to \frac{\pi}{4}} \cos 2\theta = $?

解　$\lim\limits_{\theta \to \frac{\pi}{4}} \cos 2\theta = \cos 2 \cdot (\frac{\pi}{4}) = \cos\frac{\pi}{2} = 0$

例3. 求 $\lim\limits_{\theta \to \frac{\pi}{6}} \tan 4\theta = $?

解　$\lim\limits_{\theta \to \frac{\pi}{6}} \tan 4\theta = \lim\limits_{\theta \to \frac{\pi}{6}} \dfrac{\sin 4\theta}{\cos 4\theta}$

$$= \frac{\lim\limits_{\theta \to \frac{\pi}{6}} \sin 4\theta}{\lim\limits_{\theta \to \frac{\pi}{6}} \cos 4\theta} = \frac{\sin\frac{4}{6}\pi}{\cos\frac{4}{6}\pi} = \frac{\frac{\sqrt{3}}{2}}{-\frac{1}{2}} = -\sqrt{3}$$

茲將一些特別角之正弦、餘弦值列於下表以供參考：

	0°	30°	45°	60°	90°
$\sin\theta$	$\frac{\sqrt{0}}{2}$	$\frac{\sqrt{1}}{2}$	$\frac{\sqrt{2}}{2}$	$\frac{\sqrt{3}}{2}$	$\frac{\sqrt{4}}{2}$
$\cos\theta$	$\frac{\sqrt{4}}{2}$	$\frac{\sqrt{3}}{2}$	$\frac{\sqrt{2}}{2}$	$\frac{\sqrt{1}}{2}$	$\frac{\sqrt{0}}{2}$

隨堂演練 6.1A

1. 求 $\lim\limits_{\theta \to \frac{\pi}{3}} \sec\theta = ?$

2. 求 $\lim\limits_{\theta \to \frac{\pi}{4}} \sec\theta \cdot \sin^2\theta = ?$

Ans: 1. 2　2. $\frac{\sqrt{2}}{2}$

例 4. 求 $\lim\limits_{x \to 0} x\sin\frac{1}{x} = ?$

解　$\because |x\sin\frac{1}{x}| = |x||\sin\frac{1}{x}| \leq |x|$

$\therefore -|x| \leq x\sin\frac{1}{x} \leq |x|$

又 $\lim\limits_{x \to 0} |x| = \lim\limits_{x \to 0} -|x| = 0$（定理 2.2C）

得 $\lim\limits_{x \to 0} x\sin\frac{1}{x} = 0$

6.1.2 三角函數微分公式

$$\lim_{\theta \to 0} \frac{\sin\theta}{\theta} = 1$$

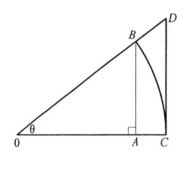

為了證明 $\lim_{\theta \to 0} \dfrac{\sin\theta}{\theta} = 1$，我們以 O 為圓心，OC 為半徑（$OC = 1$）作一單位圓，BC 為圓上之一弧則有：

$$\triangle OAB 之面積 = \frac{1}{2}OA \cdot AB$$

$$= \frac{1}{2}\frac{OA}{OB} \cdot \frac{AB}{OB} \ (\because OB = 1)$$

$$= \frac{1}{2}\cos\theta\sin\theta$$

扇形 OBC 之面積 $= \dfrac{1}{2}(\theta) \cdot 1^2 = \dfrac{\theta}{2}$

$\triangle OCD$ 之面積 $= \dfrac{1}{2}OC \cdot CD$

$\qquad = \dfrac{1}{2}CD = \dfrac{1}{2}\tan\theta \ (\because \tan\theta = \dfrac{AB}{OA} = \dfrac{CD}{OC} = CD)$

但 $\triangle OCD$ 之面積 $\geq$ 扇形 OBC 之面積 $\geq \triangle OAB$ 之面積

即 $\dfrac{1}{2}\tan\theta \geq \dfrac{\theta}{2} \geq \dfrac{1}{2}\cos\theta\sin\theta$

$\therefore \dfrac{1}{\cos\theta} \geq \dfrac{\theta}{\sin\theta} \geq \cos\theta$。

$\Rightarrow \cos\theta \geq \dfrac{\sin\theta}{\theta} \geq \dfrac{1}{\cos\theta}$

又 $\lim\limits_{\theta \to 0} \cos\theta = \lim\limits_{\theta \to 0} \dfrac{1}{\cos\theta} = 1$ ，由擠壓定理知 $\lim\limits_{\theta \to 0} \dfrac{\sin\theta}{\theta} = 1$ ■

由定理 A，直接可知 $\lim\limits_{\theta \to 0} \dfrac{\theta}{\sin\theta} = 1$

推論 A1

$$\lim\limits_{\theta \to 0} \dfrac{1 - \cos\theta}{\theta} = 0$$

證明

$$\lim\limits_{\theta \to 0} \dfrac{1 - \cos\theta}{\theta} = \lim\limits_{\theta \to 0} \dfrac{1 - \cos\theta}{\theta} \cdot \dfrac{1 + \cos\theta}{1 + \cos\theta}$$

$$= \lim\limits_{\theta \to 0} \dfrac{\sin^2\theta}{\theta} \cdot \dfrac{1}{1 + \cos\theta}$$

$$= \lim\limits_{\theta \to 0} \dfrac{\sin^2\theta}{\theta^2} \cdot \dfrac{\theta}{1 + \cos\theta}$$

$$= (\lim\limits_{\theta \to 0} \dfrac{\sin\theta}{\theta})^2 \ \lim\limits_{\theta \to 0} \dfrac{\theta}{1 + \cos\theta}$$

$$= 1 \cdot 0 = 0$$ ■

有了上述定理我們可導出下列有關三角函數之微分公式。

定理 B

(1) $\dfrac{d}{dx}\sin x = \cos x$ $\qquad$ (2) $\dfrac{d}{dx}\cos x = -\sin x$

(3) $\dfrac{d}{dx}\tan x = \sec^2 x$ $\qquad$ (4) $\dfrac{d}{dx}\cot x = -\csc^2 x$

(5) $\dfrac{d}{dx}\sec x = \sec x \tan x$ $\qquad$ (6) $\dfrac{d}{dx}\csc x = -\csc x \cot x$

證明

(1) $\dfrac{d}{dx}\sin x = \lim\limits_{h\to 0}\dfrac{\sin(x+h)-\sin x}{h}$

$\qquad = \lim\limits_{h\to 0}\dfrac{\sin x \cos h + \cos x \sin h - \sin x}{h}$

$\qquad = \lim\limits_{h\to 0}\left[\dfrac{\sin x(\cos h - 1)}{h} + \dfrac{\cos x \sin h}{h}\right]$

$\qquad = \lim\limits_{h\to 0}\dfrac{\sin x(\cos h - 1)}{h} + \lim\limits_{h\to 0}\dfrac{\cos x \sin h}{h}$

$\qquad = \sin x \lim\limits_{h\to 0}\dfrac{\cos h - 1}{h} + \cos x \lim\limits_{h\to 0}\dfrac{\sin h}{h}$

$\qquad = \sin x \cdot 0 + \cos x \cdot 1$

$\qquad = \cos x$

$\sin(x+y) = \sin x \cos y + \cos x \sin y$

$\sin(x-y) = \sin x \cos y - \cos x \sin y$

$\cos(x+y) = \cos x \cos y - \sin x \sin y$

$\cos(x-y) = \cos x \cos y + \sin x \sin y$

(2) $\dfrac{d}{dx}\cos x = \lim\limits_{h\to 0}\dfrac{\cos(x+h)-\cos x}{h}$

$\qquad = \lim\limits_{h\to 0}\dfrac{\cos x \cos h - \sin x \sin h - \cos x}{h}$

$\qquad = \lim\limits_{h\to 0}\left[\dfrac{\cos x(\cos h - 1)}{h} - \dfrac{\sin x \sin h}{h}\right]$

$\qquad = \cos x \lim\limits_{h\to 0}\dfrac{\cos h - 1}{h} - \sin x \lim\limits_{h\to 0}\dfrac{\sin h}{h}$

$\qquad = \cos x \cdot 0 - \sin x \cdot 1$

$\qquad = -\sin x$

(3) $\dfrac{d}{dx}\tan x = \dfrac{d}{dx}\dfrac{\sin x}{\cos x}$

$\qquad = \dfrac{\cos x \dfrac{d}{dx}\sin x - \sin x \dfrac{d}{dx}\cos x}{\cos^2 x}$

$\qquad = \dfrac{\cos x \cdot \cos x - \sin x(-\sin x)}{\cos^2 x} = \dfrac{1}{\cos^2 x} = \sec^2 x$

$$(4)\ \frac{d}{dx}\sec x = \frac{d}{dx}\frac{1}{\cos x}$$

$$= \frac{\cos x \cdot \frac{d}{dx}1 - 1 \cdot \frac{d}{dx}\cos x}{\cos^2 x}$$

$$= \frac{\sin x}{\cos^2 x}$$

$$= \frac{\sin x}{\cos x} \cdot \frac{1}{\cos x} = \tan x \sec x$$

同法可證其餘。

由定理 B 及鏈鎖法則即得下列結果：

推論 B-1

（u 為 x 之可微分函數）

$$\frac{d}{dx}\sin u = \cos u \cdot \frac{d}{dx}u \qquad \frac{d}{dx}\cos u = -\sin u \cdot \frac{d}{dx}u$$

$$\frac{d}{dx}\tan u = \sec^2 u \cdot \frac{d}{dx}u \qquad \frac{d}{dx}\cot u = -\csc^2 u \cdot \frac{d}{dx}u$$

$$\frac{d}{dx}\sec u = \sec u \tan u \cdot \frac{d}{dx}u \qquad \frac{d}{dx}\csc u = -\csc u \cot u \cdot \frac{d}{dx}u$$

例 5. 求 $(1)\ \dfrac{d}{dx}\cos^2 x = ?$ $(2)\ \dfrac{d}{dx}\cos x^2 = ?$ $(3)\ \dfrac{d}{dx}(\cos x^2)^2 = ?$

解 $(1)\ \dfrac{d}{dx}\cos^2 x = 2\cos x \cdot \dfrac{d}{dx}\cos x = 2\cos x(-\sin x)$

$$= -2\sin x \cos x$$

$(2)\ \dfrac{d}{dx}\cos x^2 = -\sin x^2 \cdot \dfrac{d}{dx}x^2 = -(\sin x^2)2x = -2x\sin x^2$

$(3)\ \dfrac{d}{dx}(\cos x^2)^2 = 2(\cos x^2)\dfrac{d}{dx}\cos x^2 = 2(\cos x^2)(-2x\sin x^2)$

$$= -4x\cos x^2 \sin x^2$$

例 6. 求 $\dfrac{d}{dx}\tan(x^2+1)=$?

解　$\dfrac{d}{dx}\tan(x^2+1)$

$= \sec^2(x^2+1) \cdot \dfrac{d}{dx}(x^2+1)$

$= 2x\sec^2(x^2+1)$

例 7. 求 $\dfrac{d}{dx}\sec(x^2+x-1)=$?

解　$\dfrac{d}{dx}\sec(x^2+x-1)$

$= \sec(x^2+x-1)\tan(x^2+x-1) \cdot \dfrac{d}{dx}(x^2+x-1)$

$= (2x+1)\sec(x^2+x-1)\tan(x^2+x-1)$

例 8. 求 $\dfrac{d}{dx}x\sin x^3=$?

解　$\dfrac{d}{dx}(x\sin x^3) = \left(\dfrac{d}{dx}x\right)\sin x^3 + x\left(\dfrac{d}{dx}\sin x^3\right)$

$= 1 \cdot \sin x^3 + x(\cos x^3) \cdot \dfrac{d}{dx}x^3$

$= \sin x^3 + x(\cos x^3) \cdot 3x^2$

$= \sin x^3 + 3x^3\cos x^3$

隨堂演練 6.1B

1. 求 $\dfrac{d}{dx}\cos(x^2+3x-1)=$?

2. 求 $\dfrac{d}{dx}\csc((x^2+3x-1)^2)=$?

Ans:

1. $-(2x + 3)\sin(x^2 + 3x - 1)$
2. $-\left[\csc(x^2 + 3x - 1)^2 \cot(x^2 + 3x - 1)^2\right]2(x^2 + 3x - 1)(2x + 3)$

習題 6.1

求 (1)～(10) 之 $y' = ?$

(1) $y = \dfrac{\sin x}{x}$

(2) $y = \dfrac{1 + \sin x}{\cos x}$

(3) $y = \tan\dfrac{1}{x}$

(4) $y = \cos(x^2 + 1)^3$

(5) $y = x^3 \sin 2x$

(6) $y = \dfrac{\cos x}{1 + x}$

(7) $y = \dfrac{\sin x - x\cos x}{\cos x + x\sin x}$

(8) $y = \dfrac{\sin x}{\sin x + \cos x}$

(9) $y = \sec\sqrt{3x^2 + 1}$

(10) $y = \cos(\sec x^2)$

解

(1) $\dfrac{x\cos x - \sin x}{x^2}$

(2) $\dfrac{1 + \sin x}{\cos^2 x}$

(3) $-\dfrac{1}{x^2}\sec^2\dfrac{1}{x}$

(4) $-6\left[\sin(x^2 + 1)^3\right] \cdot x(x^2 + 1)^2$

(5) $3x^2\sin 2x + 2x^3\cos 2x$

(6) $-\dfrac{(1 + x)\sin x + \cos x}{(1 + x)^2}$

(7) $\dfrac{x^2}{(\cos x + x\sin x)^2}$

(8) $\dfrac{1}{(\sin x + \cos x)^2}$

(9) $3x \cdot (3x^2 + 1)^{-\frac{1}{2}}\sec\sqrt{3x^2 + 1}\,\tan\sqrt{3x^2 + 1}$

(10) $-2x\sec x^2\tan x^2\sin(\sec x^2)$

6.2　反三角函數微分法

學習目標

■ 6.2.1 之反三角函數只需有一概略概念即可
■ 反三角函數之導出及其微分法

6.2.1　反三角函數

　　三角函數爲週期函數，每一個 y 值均可找到無限個可能的 x 值與之對應，除非我們對其定義域予以限制，否則其反函數是不存在的。以 $y = \sin x$ 圖形爲例，$y = k$，$1 \geq k \geq -1$，與 $y = \sin x$ 之圖形至少交二點（事實上，爲無限多個點），所以 $y = \sin x$ 不是一對一函數，因此沒有反函數，但是，如果我們將定義域限制在 $\dfrac{\pi}{2} \geq x \geq -\dfrac{\pi}{2}$ 時，由下圖可知 $y = \sin x$ 便有反函數。

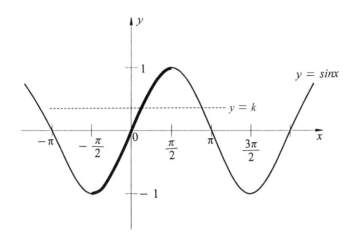

我們用一個新的函數——反正弦函數，$\sin^{-1}$：$x \to \sin^{-1}x$ 表示（注意 $\sin^{-1}x$ 是反正弦函數，不是 $\sin x$ 之 -1 次方）。

規定：$\sin^{-1}$：$x \to \sin^{-1}x$，定義域為 $-\dfrac{\pi}{2} \leq x \leq \dfrac{\pi}{2}$。

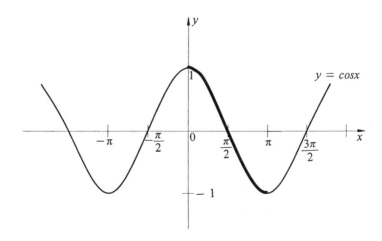

同法我們可建立其他三角函數之反函數：

$\cos^{-1}$：$x \to \cos^{-1}x$，$\pi \geq x \geq 0$

$$\tan^{-1} : x \to \tan^{-1}x , \quad \frac{\pi}{2} > x > -\frac{\pi}{2}$$

$$\cot^{-1} : x \to \cot^{-1}x , \quad \pi > x > 0$$

$$\sec^{-1} : x \to \sec^{-1}x , \quad \pi \geq x \geq 0 , \quad x \neq \frac{\pi}{2}$$

$$\csc^{-1} : x \to \csc^{-1}x , \quad \frac{\pi}{2} \geq x \geq -\frac{\pi}{2} , \quad x \neq 0$$

讀者對 6.2.1 反三角函數只需要有大概了解理可，它不會影響後續之研讀。

6.2.2　反三角函數微分公式

反函數微分法

定理 A

若 $y = f(x)$ 之反函數為 $x = g(y)$ ，且 $y = f(x)$ 為可微分
則 $\dfrac{dx}{dy} = \dfrac{1}{\dfrac{dy}{dx}}$ ，或寫成 $(f^{-1})'(y) = \dfrac{1}{f'(x)}$

證明 $\because x = g(y)$ 為 $y = f(x)$ 之反函數　$\therefore$ 由反函數之定義
$f(g(y)) = y$ ，兩邊同時對 y 微分得 $f'(g(y))g'(y) = 1$ ，
$\therefore g'(y) = \dfrac{1}{f'(g(y))} = \dfrac{1}{f'(x)} = \dfrac{1}{\dfrac{dy}{dx}}$ ∎

我們將用定理 A 導出定理 B：

定理 B u 為 x 之可微分函數

1. $\dfrac{d}{dx}\sin^{-1}u = \dfrac{1}{\sqrt{1-u^2}}\,\dfrac{d}{dx}u,\ \mid u \mid < 1$

2. $\dfrac{d}{dx}\cos^{-1}u = \dfrac{-1}{\sqrt{1-u^2}}\,\dfrac{d}{dx}u,\ \mid u \mid < 1$

3. $\dfrac{d}{dx}\tan^{-1}u = \dfrac{1}{1+u^2}\,\dfrac{d}{dx}u,\ u \in R$

4. $\dfrac{d}{dx}\cot^{-1}u = \dfrac{-1}{1+u^2}\,\dfrac{d}{dx}u,\ u \in R$

5. $\dfrac{d}{dx}\sec^{-1}u = \dfrac{1}{\mid u \mid \sqrt{u^2-1}}\,\dfrac{d}{dx}u,\ \mid u \mid > 1$

6. $\dfrac{d}{dx}\csc^{-1}u = \dfrac{-1}{\mid u \mid \sqrt{u^2-1}}\,\dfrac{d}{dx}u,\ \mid u \mid > 1$

證明

（我們只證明 $\dfrac{d}{dx}\sin^{-1}x = \dfrac{1}{\sqrt{1-x^2}}$ ，$\dfrac{d}{dx}\tan^{-1}x = \dfrac{1}{1+x^2}$

及 $\dfrac{d}{dx}\sec^{-1}x = \dfrac{1}{|x|\sqrt{x^2-1}}$ ，其餘留作習題）

(1) $\dfrac{d}{dx}\sin^{-1}x$ ：

令 $y = \sin^{-1}x$ ，則 $x = \sin y$ ，$\dfrac{dx}{dy} = \cos y$

$\therefore \dfrac{dy}{dx} = \dfrac{1}{\dfrac{dx}{dy}} \overset{\text{定理 2.4B}}{=\!=\!=\!=} \dfrac{1}{\cos y} = \dfrac{1}{\sqrt{1-\sin^2 y}} = \dfrac{1}{\sqrt{1-x^2}}$

(2) $\dfrac{d}{dx}\tan^{-1}x$ ：

令 $y = \tan^{-1}x$ ，則 $x = \tan y$ ，$\dfrac{dx}{dy} = \sec^2 y$

$$\therefore \frac{dy}{dx} = \frac{1}{\frac{dx}{dy}} = \frac{1}{\sec^2 y} = \frac{1}{1 + \tan^2 y} = \frac{1}{1 + x^2}$$

(3) $\frac{d}{dx}\sec^{-1}x$:

令 $y = \sec^{-1}x$，則 $y = \cos^{-1}\frac{1}{x}$

$$\therefore \frac{d}{dx}y = \frac{-\frac{d}{dx}\frac{1}{x}}{\sqrt{1 - \left(\frac{1}{x}\right)^2}} = \frac{1}{x^2\sqrt{1 - \left(\frac{1}{x}\right)^2}} = \frac{1}{\frac{x^2}{|x|}\sqrt{x^2 - 1}}$$

$$= \frac{1}{|x|\sqrt{x^2 - 1}}$$

以上結果，透過鏈鎖律即得定理 B。 ∎

例1. 求 $\frac{d}{dx}\sin^{-1}(\sqrt{x}) = ?$

解　$\frac{d}{dx}\sin^{-1}(\sqrt{x}) = \frac{\frac{d}{dx}\sqrt{x}}{\sqrt{1 - (\sqrt{x})^2}} = \frac{1}{2\sqrt{x}\sqrt{1 - x}}$

例2. 求 $\frac{d}{dx}x(\cos^{-1}x^2) \mid_{x=\frac{1}{3}} = ?$

解　$\frac{d}{dx}x(\cos^{-1}x^2) \mid_{x=\frac{1}{3}} = \cos^{-1}x^2 + x \cdot \frac{(-2x)}{\sqrt{1 - x^4}}] \mid_{x=\frac{1}{3}}$

$$= \cos^{-1}\frac{1}{9} - \frac{\frac{2}{9}}{\sqrt{1 - \frac{1}{81}}} = \cos^{-1}\frac{1}{9} - \frac{1}{2\sqrt{5}}$$

例3. 求 $\frac{d}{dx}\tan^{-1}x^2 = ?$

解　$\dfrac{d}{dx}\tan^{-1}x^2 = \dfrac{\dfrac{d}{dx}x^2}{1+(x^2)^2} = \dfrac{2x}{1+x^4}$

例 4.　求 $\dfrac{d}{dx}\tan^{-1}\tan x^2 = ?$

解

方法一：$\dfrac{d}{dx}\tan^{-1}\tan x^2 = \dfrac{\dfrac{d}{dx}\tan x^2}{1+\tan x^2} = \dfrac{2x\sec^2 x^2}{\sec^2 x^2} = 2x$

方法二：$\dfrac{d}{dx}\tan^{-1}\tan x^2 = \dfrac{d}{dx}x^2 = 2x$

隨堂演練 6.2A

驗證 $\dfrac{d}{dx}\left[2\cos^{-1}\sqrt{x}\right] = \dfrac{-1}{\sqrt{x-x^2}}$。

習題 6.2

求下列各導函數？

(1) $\dfrac{d}{dx}\sin^{-1}(x^3)$

(2) $\dfrac{d}{dx}\left[\sin^{-1}(x^3)\right]^2$

(3) $\dfrac{d}{dx}(\tan^{-1}x)^3$

(4) $\dfrac{d}{dx}(\sec^{-1}x^2)^2$

(5) $\dfrac{d}{dx}(\cot^{-1}\sqrt{x})^2$

(6) $\dfrac{d}{dx}\tan^{-1}(\dfrac{1}{x})$

(7) $\dfrac{d}{dx}\tan^{-1}(e^x)$

(8) $\dfrac{d}{dx}\csc^{-1}\dfrac{\sqrt{1+x^2}}{x}$

(9) $\dfrac{d}{dx}x\tan^{-1}x$

(10) $\dfrac{d}{dx}\sec^{-1}(x^2)$

(11) $\dfrac{d}{dx}(\tan^{-1}e^{\ln x})$

(12) $\dfrac{d}{dx}\sec^{-1}(e^{2\ln x})$

解

(1) $\dfrac{3x^2}{\sqrt{1-x^6}}$

(2) $2\,[\sin^{-1}(x^3)]\cdot\dfrac{3x^2}{\sqrt{1-x^6}}$

(3) $3(\tan^{-1}x)^2\cdot\dfrac{1}{1+x^2}$

(4) $2(\sec^{-1}x^2)\cdot\dfrac{2x}{x^2\sqrt{x^4-1}}$

(5) $-\cot^{-1}\sqrt{x}\left(\dfrac{1}{\sqrt{x}(1+x)}\right)$

(6) $\dfrac{-1}{1+x^2}$

(7) $\dfrac{e^x}{1+e^{2x}}$

(8) $\dfrac{1}{1+x^2}$

(9) $\dfrac{x}{1+x^2}+\tan^{-1}x$

(10) $\dfrac{2}{x\sqrt{x^4-1}}$

(11) $\dfrac{1}{1+x^2}$

(12) $\dfrac{2x}{x^2\sqrt{x^4-1}}=\dfrac{2}{x\sqrt{x^4-1}}$

6.3　有關三角函數之積分法

學習目標

■ 了解並記住基本之三角函數積分定理並能應用。

■ 三角函數積分時可能要善用三角恆等式。

定理 A

$$\int \sin x \, dx = -\cos x + c$$

$$\int \cos x \, dx = \sin x + c$$

$$\int \tan x \, dx = -\ln |\cos x| + c$$

$$\int \cot x \, dx = \ln |\sin x| + c$$

$$\int \sec x \, dx = \ln |\sec x + \tan x| + c$$

$$\int \csc x \, dx = \ln |\csc x - \cot x| + c$$

證明　（我們只證 $\int \sec x \, dx = \ln |\sec x + \tan x| + c$，其餘讀者可自行仿證）

$$\because \frac{d}{dx}(\ln |\sec x + \tan x| + c)$$

$$= \frac{d}{dx}\ln |\sec x + \tan x| + \frac{d}{dx}c$$

$$= \frac{\frac{d}{dx}(\sec x + \tan x)}{\sec x + \tan x} = \frac{\sec x \tan x + \sec^2 x}{\sec x + \tan x}$$

$$= \frac{\sec x (\tan x + \sec x)}{\sec x + \tan x} = \sec x$$

$$\therefore \int \sec x \, dx = \ln|\sec x + \tan x| + c \qquad \blacksquare$$

除了上面的證法外，我們還可用下列的證法：

$$\int \sec x \, dx = \int \sec x \cdot \left(\frac{\sec x + \tan x}{\sec x + \tan x}\right) dx$$

$$= \int \frac{\sec^2 x + \sec x \tan x}{\sec x + \tan x} dx$$

取 $u = \sec x + \tan x$　則 $du = (\sec x \tan x + \sec^2 x) \, dx$

$$= \int \frac{du}{u} = \ln|u| + c$$

$$= \ln|\sec x + \tan x| + c \qquad \blacksquare$$

推論 A-1

u 為 x 之連續函數，則

$$\int \sin u \, du = -\cos u + c$$

$$\int \cos u \, du = \sin u + c$$

$$\int \tan u \, du = -\ln|\cos u| + c$$

$$\int \cot u \, du = \ln|\sin u| + c$$

$$\int \sec u \, du = \ln|\sec u + \tan u| + c$$

$$\int \csc u \, du = \ln|\csc u - \cot u| + c$$

例 1. 求 (1) $\int (2x + 1) \sin(x^2 + x + 3) \, dx = ?$

(2) $\int (x^2 + 2x + 1) \cos(x^3 + 3x^2 + 3x + 4) \, dx = ?$

解　(1) 令 $u = x^2 + x + 3$，則 $du = (2x + 1) \, dx$

$$\therefore \int (2x + 1) \sin (x^2 + x + 3) \, dx$$

$$= \int \sin u \, du = -\cos u + c$$

$$= -\cos (x^2 + x + 3) + c$$

(2)令 $u = x^3 + 3x^2 + 3x + 4$，則 $du = 3(x^2 + 2x + 1) \, dx$

$$\therefore \int (x^2 + x + 1) \cos (x^3 + 3x^2 + 3x + 4) \, dx$$

$$= \int \frac{1}{3} \cos u \, du = \frac{1}{3} \sin u + c$$

$$= \frac{1}{3} \sin (x^3 + 3x^2 + 3x + 4) + c$$

例 2. 求 (1) $\int (x + 1) \sec (x^2 + 2x - 2) \, dx = ?$

(2) $\int (x - 1) \csc (x^2 - 2x + 2) \, dx = ?$

解　(1)令 $u = x^2 + 2x - 2$，則 $du = 2(x + 1) \, dx$

$$\therefore \int (x + 1) \sec (x^2 + 2x - 2) \, dx$$

$$= \int \frac{1}{2} \sec u \, du = \frac{1}{2} \ln \mid \sec u + \tan u \mid + c$$

$$= \frac{1}{2} \ln \mid \sec (x^2 + 2x - 2) + \tan (x^2 + 2x - 2) \mid + c$$

(2)令 $u = x^2 - 2x + 2$，則 $du = 2(x - 1) \, dx$

$$\therefore \int (x - 1) \csc (x^2 - 2x + 2) \, dx$$

$$= \frac{1}{2} \int \csc u \, du = \frac{1}{2} \mid \csc u - \cot u \mid + c$$

$$= \frac{1}{2} \mid \csc (x^2 - 2x + 2) - \cot (x^2 - 2x + 2) \mid + c$$

隨堂演練 6.3A

1. 求 $\int \left(\dfrac{1}{x^2}\right) \tan \dfrac{1}{x}\, dx = ?$

2. 求 $\int \dfrac{1}{\sqrt{x}} \csc \sqrt{x}\, dx = ?$

Ans: 1. $\ln \left| \cos \dfrac{1}{x} \right| + c$ 2. $2 \ln \left| \csc \sqrt{x} - \cot \sqrt{x} \right| + c$

習題 6.3

1. 求下列各題積分：

(1) $\int x \sin(x^2 + 1)\, dx$

(2) $\int \dfrac{\sin \sqrt{x}}{\sqrt{x}}\, dx$

(3) $\int e^{2x} \sin e^{2x}\, dx$

(4) $\int \cos x\, e^{\sin x}\, dx$

(5) $\int \dfrac{\sin 2x}{1 + \sin^2 x}\, dx$

(6) $\int \dfrac{1}{\sqrt{x}} \tan \sqrt{x}\, dx$

(7) $\int \cos x\, (1 + 2\sin x)^{10}\, dx$

(8) $\int (1 + \tan^2 x)\, e^{\tan x}\, dx$

2. 求下列各題積分：

(1) $\int \sin^2 x\, dx$ （提示：$\cos 2x = 1 - 2\sin^2 x$）

(2) $\int \dfrac{\cos x}{\sec x + \tan x}\, dx$ （提示：$\dfrac{\cos x}{\sec x + \tan x} = \dfrac{\cos^2 x}{1 + \sin x} = \cdots$）

(3) $\int \sqrt{\tan x}\, \sec^2 x\, dx$

(4) $\int \sin(2x - 1)\, dx$

解

1. (1) $\dfrac{-1}{2}\cos(x^2+1)+c$ (2) $-2\cos\sqrt{x}+c$

  (3) $\dfrac{-1}{2}\cos e^{2x}+c$ (4) $e^{\sin x}+c$

  (5) $\ln|1+\sin^2 x|+c$ (6) $-2\ln|\cos\sqrt{x}|+c$

  (7) $\dfrac{1}{22}(1+2\sin x)^{11}+c$ (8) $e^{\tan x}+c$

2. (1) $\dfrac{x}{2}-\dfrac{1}{4}\sin 2x+c$ (2) $x+\cos x+c$

  (3) $\dfrac{2}{3}\tan^{\frac{3}{2}}x+c$ (4) $-\dfrac{1}{2}\cos(2x-1)+c$

6.4　三角代換

學習目標

■ 根據題型選擇適當的三角變換
■ 熟悉三角變換示意圖之繪製

　　本節我們將討論一種常見而重要的積分方法，其基本式為 $\int f(a+bx+cx^2)\,dx$。如果它不能用前述之積分方法解決，便可能要考慮到三角函數變換。這是本節之重心。為了便於說明，我們將分三個題型說明，好讓讀者易於掌握箇中技巧。

6.4.1　三角代換所需之示意圖繪法

　　讀者在應用三角代換時，能根據題意繪出一個適當的示意圖是很重要的。

　　在作者經驗，只要會正弦、餘弦與正切三個函數之示意圖，那正割、餘割、餘切也不難迎刃而解。

名稱	英文算寫第一安母之首2個「圖段」	示意圖
$\cos x = \dfrac{鄰邊}{斜邊}$	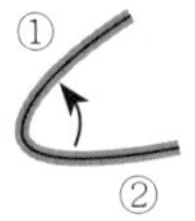 ① ②	$\cos^{-1} x = y$ $\Rightarrow \cos y = x = \dfrac{x}{1} \Rightarrow$ 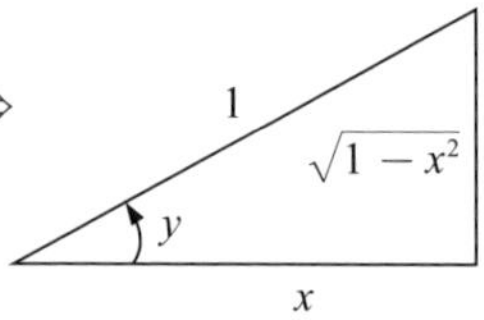
$\sin x = \dfrac{對邊}{斜邊}$	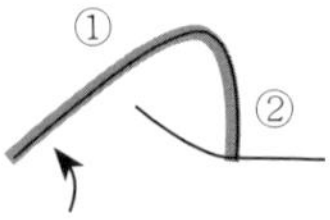 ① ②	$\sin^{-1} x = y$ $\Rightarrow \sin y = x = \dfrac{x}{1} \Rightarrow$ 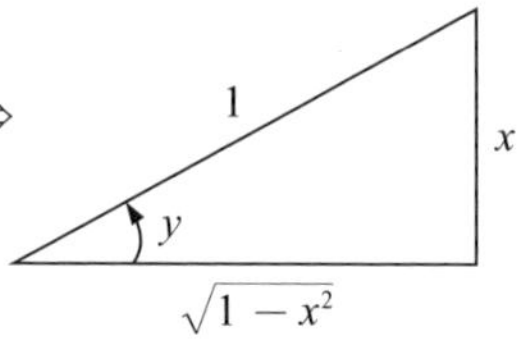
$\tan x = \dfrac{對邊}{鄰邊}$	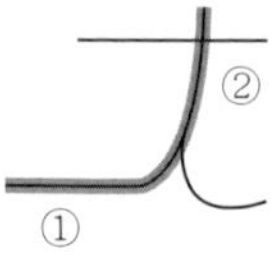 ② ①	$\tan^{-1} x = y$ $\Rightarrow \tan y = x = \dfrac{x}{1} \Rightarrow$ 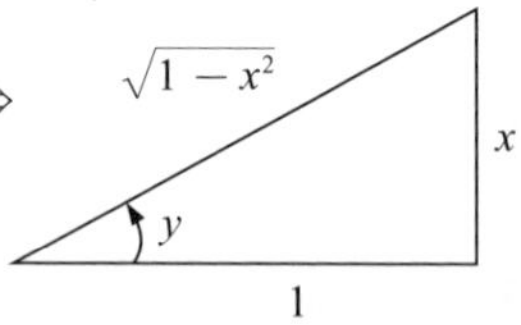

　　示意圖是應用直角三角形之邊角關係而得。

　　例如 $y = \cos^{-1} 3x$，那麼 $\cos y = 3x = \dfrac{3x}{1}$，因此我們可令斜邊為 1，鄰邊為 $3x$，所以另一邊便為 $\sqrt{1 - 9x^2}$。如此便可做出對應之示意圖（如圖(a)）。又如 $y = \tan^{-1} \dfrac{x}{2}$，那麼 $\tan y = \dfrac{x}{2} = \dfrac{x/2}{1}$，

所以鄰邊為 1，對邊為 $\dfrac{x}{2}$，所以斜邊為 $\sqrt{1+\dfrac{x^2}{4}}$。

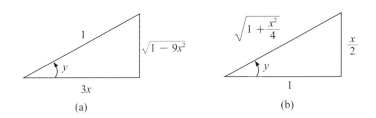

(a)　　　　　　　　　　　(b)

有了上述概念後，我們看有關餘切、正割與餘割函數之示意圖，$y=\sec^{-1}x$，則 $x=\sec y\ \therefore\cos y=\dfrac{1}{x}=\dfrac{1/x}{1}$

因此，在需 $y=\sec^{-1}x$ 做變數變換時之示意圖（如圖 (c)）。讀者可同法推知 $y=\csc^{-1}x$ 做變換時之示意圖（如圖 (d)）。$y=\cot^{-1}x$ 行變換時，$\cot y=x\Rightarrow\tan y=\dfrac{1}{x}$，則示意圖為 (e)。

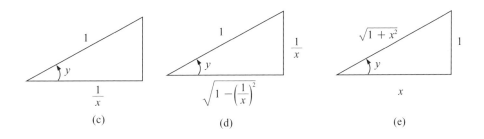

(c)　　　　　　　(d)　　　　　　　(e)

有了以上之基本能力後，我們便能輕鬆地學習三角代換之積分了。

6.4.2 $\int \dfrac{du}{a^2 + u^2}$

這類題型，我們可用 $u = \tan v$ 來變數變換。

例 1. 求 (1) $\displaystyle\int \dfrac{dx}{1 + x^2}$　(2) $\displaystyle\int \dfrac{dx}{2 + x^2}$　(3) $\displaystyle\int \dfrac{dx}{1 + 2x^2}$　(4) $\displaystyle\int \dfrac{x}{1 + x^2} dx$

解　(1) 取 $x = \tan y$，$dx = \sec^2 y\, dy$，$1 + x^2 = 1 + \tan^2 y = \sec^2 y$

$$\therefore \int \dfrac{dx}{1 + x^2} = \int \dfrac{\sec^2 y}{\sec^2 y} dy = y + c = \tan^{-1} x + c$$

(2) $\displaystyle\int \dfrac{dx}{2 + x^2} = \dfrac{1}{2} \int \dfrac{\sqrt{2}\, d\left(\dfrac{x}{\sqrt{2}}\right)}{1 + \left(\dfrac{x}{\sqrt{2}}\right)^2} = \dfrac{\sqrt{2}}{2} \tan^{-1}\left(\dfrac{x}{\sqrt{2}}\right) + c$

$$= \dfrac{1}{\sqrt{2}} \tan^{-1}\left(\dfrac{x}{\sqrt{2}}\right) + c$$

(3) $\displaystyle\int \dfrac{dx}{1 + 2x^2} = \dfrac{1}{\sqrt{2}} \int \dfrac{d(\sqrt{2}x)}{1 + (\sqrt{2}x)^2} = \dfrac{1}{\sqrt{2}} \tan^{-1}(\sqrt{2}x) + c$

(4) $\displaystyle\int \dfrac{\dfrac{1}{2} d(x^2)}{1 + x^2} = \dfrac{1}{2} \int \dfrac{du}{1 + u}$　　$(u = x^2)$

$$= \dfrac{1}{2} \ln |u| + c = \dfrac{1}{2} \ln(1 + x^2) + c$$

由例 1 之 (1)、(2)、(3)，我們不難得出一個重要結果：

$$\int \dfrac{du}{a^2 + u^2} = \dfrac{1}{a} \tan^{-1} \dfrac{u}{a} + c$$

例2. 求 (1) $\displaystyle\int \frac{dx}{x^2+2x+2}$ (2) $\displaystyle\int \frac{x}{x^2+4x+20}dx$

(3) $\displaystyle\int \frac{dx}{x^2-4x-5}$ (4) $\displaystyle\int \frac{x+2}{x^2+4x+5}dx$

解 (1) $\displaystyle\int \frac{dx}{x^2+2x+2} = \int \frac{dx}{(x+1)^2+1} = \int \frac{d(x+1)}{(x+1)^2+1}$

$\displaystyle = \tan^{-1}(x+1)+c$

(2) $\displaystyle\int \frac{x}{x^2+4x+20}dx = \int \frac{x}{(x+2)^2+16}dx$

$\displaystyle = \int \frac{(x+2)-2}{(x+2)^2+16}dx = \int \frac{(x+2)-2}{(x+2)^2+16}d(x+2)$

$\displaystyle\xlongequal{u=x+2} \int \frac{u}{u^2+16}du - 2\int \frac{du}{u^2+16}$

$\displaystyle = \frac{1}{2}\ln(u^2+16) - \frac{2}{4}\tan^{-1}\frac{u}{4}+c$

$\displaystyle = \frac{1}{2}\ln[(x+2)^2+16] - \frac{1}{2}\tan^{-1}\frac{x+2}{4}+c$

$\displaystyle = \frac{1}{2}\ln(x^2+4x+20) - \frac{1}{2}\tan^{-1}\frac{x+2}{4}+c$

(3) $\displaystyle\because \frac{1}{x^2-4x-5} = \frac{1}{6}\left(\frac{1}{x-5} - \frac{1}{x+1}\right)$

$\displaystyle\therefore \int \frac{dx}{x^2-4x-5}$

$$\boxed{\begin{array}{l}\displaystyle\int \frac{dx}{(x+a)(x+b)} \\ \displaystyle = \frac{1}{b-a}\ln\left|\frac{x+a}{x+b}\right|+c\end{array}}$$

$\displaystyle = \frac{1}{6}\int \left(\frac{1}{x-5} - \frac{1}{x+1}\right)dx$

$\displaystyle = \frac{1}{6}(\ln|x-5| - \ln|x+1|)+c$

$\displaystyle = \frac{1}{6}\ln\left|\frac{x-5}{x+1}\right|+c$

(4) 若取 $u=x^2+4x+5$，則 $du=(2x+4)dx$

即 $(x + 2)\,dx = \dfrac{1}{2}du$

$\therefore \displaystyle\int \dfrac{x + 2}{x^2 + 4x + 5}dx = \int \dfrac{\frac{1}{2}du}{u} = \dfrac{1}{2}\ln |\,u\,| + c$

$= \dfrac{1}{2}\ln |\,x^2 + 4x + 5\,| + c$

6.4.3 $\displaystyle\int \sqrt{a^2 - u^2}\,du$ 及 $\displaystyle\int \dfrac{du}{\sqrt{a^2 - u^2}}$

這類題型我們可用 $u = a\sin v$ 來變數變換。

例 3. 求 (1) $\displaystyle\int \dfrac{dx}{\sqrt{1 - x^2}}$ 　　(2) $\displaystyle\int \sqrt{1 - x^2}\,dx$ 　　(3) $\displaystyle\int \dfrac{dx}{\sqrt{4 - x^2}}$

解　(1) 取 $x = \sin y$，$dx = \cos y\,dy$

$\therefore \displaystyle\int \dfrac{dx}{\sqrt{1 - x^2}} = \int \dfrac{\cos y\,dy}{\sqrt{1 - \sin^2 y}} = \int dy = y + c = \sin^{-1}x + c$

(2) 取 $x = \sin y$

$\therefore \displaystyle\int \sqrt{1 - x^2}\,dx = \int \sqrt{1 - \sin^2 y} \cdot \cos y\,dy$

$= \displaystyle\int \cos^2 y\,dy = \int \dfrac{1 + \cos 2y}{2}\,dy$

$= \dfrac{y}{2} + \dfrac{1}{4}\sin 2y + c$

$= \dfrac{y}{2} + \dfrac{1}{2}\sin y \cos y + c$

$= \dfrac{1}{2}\sin^{-1}x + \dfrac{1}{2}x \cdot \sqrt{1 - x^2} + c$

(3) **方法一**：（利用 (1) 之結果）

$$\int \frac{dx}{\sqrt{4-x^2}} = \int \frac{d\frac{x}{2}}{\sqrt{1-\left(\frac{x}{2}\right)^2}} = \sin^{-1}\frac{x}{2} + c$$

方法二：（利用 $x = 2\sin y$）

令 $x = 2\sin y$，$dx = 2\cos y\, dy$

$$\therefore \int \frac{dx}{\sqrt{4-x^2}} = \int \frac{2\cos y\, dy}{\sqrt{4-4\sin^2 y}} = \int dy = y + c = \sin^{-1}\frac{x}{2} + c$$

6.4.4 $\int \sqrt{u^2 - a^2}\, du$ 及 $\int \frac{du}{\sqrt{u^2 - a^2}}$

這類題型可用 $u = a\sec v$ 來變數變換。

例 4. 求 $\int \frac{\sqrt{x^2-1}}{x}\, dx$

解　令 $x = \sec y$，則 $dx = \sec y \tan y\, dy$

$$\therefore \int \frac{\sqrt{x^2-1}}{x}\, dx = \int \frac{\sqrt{\sec^2 y - 1}}{\sec y} \cdot \sec y \tan y\, dy$$

$$= \int \tan^2 y\, dy = \int (\sec^2 y - 1)\, dy$$

$$= \tan y - y + c$$

$$= \sqrt{x^2 - 1} - \sec^{-1} x + c$$

例 5. 求 $\int \frac{dx}{\sqrt{(x^2 - 9)^3}}$

解　令 $x = 3\sec y$，則 $dx = 3\sec y \tan y\, dy$

$$\therefore \int \frac{dx}{\sqrt{(x^2-9)^3}} = \int \frac{3\sec y \tan y}{\sqrt{[(3\sec y)^2-9]^3}} dy$$

$$= \int \frac{3\sec y \tan y}{(3\tan y)^3} dy = \frac{1}{9} \int \frac{\sec y}{\tan^2 y} dy$$

$$= \frac{1}{9} \int \frac{\cos y}{\sin^2 y} dy = \frac{1}{9} \int \frac{d\sin y}{\sin^2 y}$$

$$= \frac{-1}{9} \csc y + c$$

$$= -\frac{1}{9} \frac{1}{\sqrt{1-\dfrac{9}{x^2}}} + c = -\frac{1}{9} \frac{x}{\sqrt{x^2-9}} + c$$

習題 6.4

1. 計算下列各題：

(1) $\displaystyle\int_{-a}^{a} \sqrt{a^2-x^2}\,dx$ (2) $\displaystyle\int_{1}^{2} \frac{dx}{\sqrt{2x-x^2}}$

(3) $\displaystyle\int_{0}^{2} \frac{x^2}{\sqrt{4-x^2}}\,dx$ (4) $\displaystyle\int \frac{dx}{\sqrt{1+x^2}}$

(5) $\displaystyle\int \frac{dx}{\sqrt{x^2-1}}$ (6) $\displaystyle\int \frac{dx}{x^2\sqrt{1-x^2}}$

解

1. (1) $\dfrac{1}{2}\pi a^2$ (2) $\dfrac{\pi}{2}$ (3) π (4) $\ln|x+\sqrt{x^2+1}|+c$

(5) $\ln|x+\sqrt{x^2-1}|+c$ (6) $-\dfrac{1}{x}\sqrt{1-x^2}+c$

國家圖書館出版品預行編目(CIP)資料

簡易微積分／黃義雄著. -- 七版. -- 臺北
市：五南圖書出版股份有限公司，2022.10
　面；　公分
ISBN 978-626-343-341-0 (平裝)

1.CST: 微積分

314.1　　　　　　　　111014286

5Q01

簡易微積分

作　　者 ― 黃義雄

發 行 人 ― 楊榮川

總 經 理 ― 楊士清

總 編 輯 ― 楊秀麗

副總編輯 ― 王正華

責任編輯 ― 金明芬

封面設計 ― 王麗娟

出 版 者 ― 五南圖書出版股份有限公司

地　　址：106臺北市大安區和平東路二段339號4樓

電　　話：(02)2705-5066　　傳　　真：(02)2706-6100

網　　址：https://www.wunan.com.tw

電子郵件：wunan@wunan.com.tw

劃撥帳號：01068953

戶　　名：五南圖書出版股份有限公司

法律顧問　林勝安律師事務所　林勝安律師

出版日期　2005年 3 月初版一刷
　　　　　2007年 9 月二版一刷
　　　　　2009年 2 月三版一刷
　　　　　2010年 9 月四版一刷
　　　　　2016年 7 月五版一刷
　　　　　2019年 4 月六版一刷
　　　　　2022年10月七版一刷

定　　價　新臺幣420元

經典永恆・名著常在

五十週年的獻禮 —— 經典名著文庫

五南，五十年了，半個世紀，人生旅程的一大半，走過來了。

思索著，邁向百年的未來歷程，能為知識界、文化學術界作些什麼？

在速食文化的生態下，有什麼值得讓人雋永品味的？

歷代經典・當今名著，經過時間的洗禮，千錘百鍊，流傳至今，光芒耀人；

不僅使我們能領悟前人的智慧，同時也增深加廣我們思考的深度與視野。

我們決心投入巨資，有計畫的系統梳選，成立「經典名著文庫」，

希望收入古今中外思想性的、充滿睿智與獨見的經典、名著。

這是一項理想性的、永續性的巨大出版工程。

不在意讀者的眾寡，只考慮它的學術價值，力求完整展現先哲思想的軌跡；

為知識界開啟一片智慧之窗，營造一座百花綻放的世界文明公園，

任君遨遊、取菁吸蜜、嘉惠學子！